Ewige Jagdgründe

László Studinka

Ewige Jagdgründe

Jagderleben in den Ostkarpaten

KOSMOS

Meinem lieben Freund Dr. h. c. Hans von Aulock
in dankbarer Erinnerung an viele schöne
gemeinsame Jagdtage gewidmet

Inhalt

Zur Einführung

Seit eh und je haben die Urwälder und Berge der Ostkarpaten mein Jägerherz wie ein Magnet angezogen. Dort gab es nicht nur Urhirsche, sondern auch Wildarten, die in meiner Heimat Ungarn nicht vorkamen: Bär, Luchs, Wolf, Auer- und Birkwild.

Ich zählte kaum acht Jahre, als das erste Buch Herbert Nadlers, des Begründers der heute noch angewandten Formel zur Bewertung der Hirschgeweihe und meines späteren väterlichen Freundes und Jagdpartners, in ungarischer Sprache erschien, das viele Erzählungen über seine Jagden im Kranz der Karpaten enthielt. Dieses Buch weckte erste Sehnsucht nach einem fernen Land!

Dann der nächste Impuls. Ich verschlang Graf Silva-Taroucas klassisches Jagdbuch: „Glückliche Tage". Darin war auch fast nur von den Ostkarpaten die Rede. Aber wie konnte ein normaler Sterblicher damals dorthin kommen? Es gab Ländergrenzen, Hass und Zank zwischen den Nationen. Damals, wie heute auch, benötigte man zur Hochwildjagd viel Geld. Somit blieben die Karpaten ein Wunschtraum des angehenden Jägers.

Mitte der dreißiger Jahre erschien dann Hubert Behrs „Waidwerk um silbergraue Hirsche". Es wurde eines der erfolgreichsten Jagdbücher, in dem der größte Teil seinen Karpatenjagden gewidmet war. Dieses Buch wurde dann meine „Bibel", die Karpaten blieben meine größte Sehnsucht. Ich will gerne gestehen, dass auch der Titel des vorliegenden Buches von ihm stammt. Ich hoffe, dass er, den schon der grüne Rasen deckt, seinem alten Freund verzeihen wird. Denn ich möchte es als einen großen Erfolg meines langen und bewegten Jägerlebens bezeichnen, dass ich ihm dann zwanzig Jahre später zu einem Lebenshirsch verhelfen konnte. Wir schlossen eine feste Freundschaft und erlebten gemeinsam eine Reihe schöner Jagdtage.

Dann kam eine unerwartete Wende. Das nördliche Siebenbürgen wurde im Jahre 1940 wieder an Ungarn angegliedert, zu dem es tausend lange Jahre gehört hatte. Die ungarischen Behörden übernahmen die Administration, die Jagdpachten wurden neu ausgeschrieben.

Ich war damals 22 Jahre alt, Rechtsreferendar mit einem Anfänger-Einkommen, doch wohnte ich bei meinen Eltern. Das Gehalt blieb frei verfügbares Taschengeld, konnte also für nichts Besseres verwendet werden als für die Pacht einer Hochwildjagd in den Ostkarpaten!

Die ungarische Forstdirektion von Beszterce (Bistritz) im Komitat Beszterce-Naszód der nördlichen Ostkarpaten, das im Norden an das altberühmte Hirschkomitat Mármaros, im Süden an das Kaliman-Gebirge und im Osten an den Karpatenhauptkamm und die Wasserscheide nach der Bukowina angrenzt, schrieb die Jagdpacht der von ihr verwalteten riesigen Waldungen des Rodna-Gebirges und seiner Umgebung auf zehn Jahre aus. Dieses Riesengebiet umfasste nicht nur die Hochgebirgsstöcke des Kuhhornes (2280 m) mit seinem einst die Weltspitze liefernden Gamsbestand, der während der dortigen Kämpfe im ersten Weltkrieg ausgerottet wurde, sondern auch etwa 200 000 ha Urwälder und Hochgebirgs-Weideflächen über der Baumgrenze. Dieses Riesengebiet wurde Mitte des 18. Jahrhunderts von der Königin Maria Theresia an die dortigen vierundvierzig „Grenzergemeinden“ als Donation für die jahrhundertelang geleisteten Grenzwachtdienste gegeben, wurde aber später von den Staatsforstämtern verwaltet. Der Ertrag der Holznutzung, Jagdpacht und vor allem das Weiderecht gehörten jedoch auch noch in unserer Zeit den „Grenzergemeinden“.

Im vorigen Jahrhundert, auch noch in diesem bis nach dem ersten Weltkrieg, gab es überhaupt kein Rotwild in ganz Siebenbürgen. Aus dem nördlichen Galizien war es im Laufe der zweiten Hälfte des vorigen Jahrhunderts in die Bukowina östlich des Karpatenkammes, die damals auch zur Habsburg-Krone gehörte, und in die nordöstlichen Komitate Ungarns, so auch in die Mármaros, eingewandert. In diesen neubesiedelten Gebieten kamen um die Jahrhundertwende die stärksten Hirsche vor. Die Kämpfe in den ersten zwei Jahren des ersten Weltkrieges waren in diesen Gebieten besonders heftig, so auch naturgemäß die Wolfsplage. Das Rotwild wechselte in die ruhigeren Gebiete Nordsiebenbürgens und bevölkerte dann in den dreißiger Jahren allmählich schon den ganzen Ostkarpatenkranz bis hinunter nach Brasov (Kronstadt), wo dann die Südkarpaten anfangen. In unseren Tagen scheint sich das Rotwild hier auszubreiten, um neue Lebensräume zu erobern.

Es ist fast immer so, dass das Wild in neubesiedelten Gebieten die allerbesten Trophäen bringt. Das bewahrheitete sich auch in den Ostkarpaten in den dreißiger Jahren. Die stärksten Hirsche, viele damals von Weltklasse, wurden in dieser Zeit im Rodna- und Kalimangebirge und im Maros-Tal erbeutet. Kein Wunder, dass es den Hirschjäger des Flachlandes unwiderstehlich in diese „ewigen Jagdgründe“ zog.

Das Riesengebiet der „Grenzergemeinden“ wurde möglichst nach geographischen Einheiten, Bachtälern und Bergkämmen als Grenzen in zwölf Jagdreviere aufgeteilt und im Jahre 1941 verpachtet. Das geschah nicht auf öffentlicher Versteigerung, sondern die Jagdpächter wurden auf Grund schriftlicher Angebote ausgewählt. Wir fünf Freunde (Herbert Nadler und natürlich mein Bruder waren auch dabei) boten gemeinsam je eine uns angemessen erscheinende Summe gesondert für drei Reviere. Zu unserer großen Freude erhielten wir das Quellgebiet des Szamos-Flusses im nordöstlichen Zipfel des Gebirges zwischen den Ortschaften Rodna am Szamos und Kirlibaba an der Goldenen Bistritz, von dem höchsten Berg Nordsiebenbürgens, dem Kuhhorn im Westen, bis fast an die Landesgrenze zur Bukowina hin. Es war ein Riesenrevier von 30 000 ha Urwald, Almweiden und Latschenfeldern über der Baumgrenze.

Mein größter jagdlicher Wunsch schien also ganz früh in Erfüllung zu gehen! Das Revier war damals eines der besten und berühmtesten der Karpaten, über das mehrere Jagdbücher erschienen. Drei unserer Vorpächter waren berühmte Karpatenjäger. Am bekanntesten waren der Czernovitzer Chirurg Hans Philipowicz („In den Hochkarpathen") und zwei seiner Freunde und Mitpächter, Georg von Medveczky („Mit Muschel und Meute") und Dr. Thurn-Rumbach, bekannter ungarischer Jäger und Schweißhundmann.

Freilich hatten es unsere Vorgänger jagdlich leichter, weil sie von dort stammten, dort wohnten und die schützende Hand damals besser über ihre Reviere halten konnten als wir. Wir wohnten zwei Tagesfahrten entfernt, waren weder mit den dortigen Verhältnissen noch mit der Sprache (die Einwohner der „Grenzergemeinden" waren überwiegend Rumänen) vertraut. Wir mussten also dort ansässige Herren, den Leiter des Forstamtes und den des Sägewerkes, im zentral gelegenen Mariental beauftragen und bitten, sowohl die administrativen Aufgaben als auch die Aufsicht über unsere „Jägerei" zu übernehmen. Denn als einzige Möglichkeit stellten wir dortige Bauernjäger, die auch schon bei unseren Vorgängern als Heger tätig waren, nebenberuflich ein.

Auch waren wir damals mitten im Krieg. Nördlich vom Revier, in den Waldkarpaten, Polen, Galizien hatten Kampfhandlungen stattgefunden. Grenzen wurden verschoben und neu gezogen. Wie das in unsicheren Zeiten stets der Fall ist, vermehrte sich das Raubwild schlagartig, eine Wolfsplage entstand, die den Wildbeständen arg zusetzte.

Im südlicheren Siebenbürgen war Ruhe und Frieden. Doch gab es wegen des Staatswechsels ein Jahr lang keine Jagdpächter und demgemäß keinen Jagdschutz. Verhältnismäßig gut waren die Wildbestände, allerdings blieb eine Invasion der Wölfe nicht aus. Ihrer konnten wir auch damals kaum Herr werden. Sie zehnteten unser Wild und störten den Brunftbetrieb. Auch andere Störungen zogen in die Stille und Verschwiegenheit der Karpatenwälder ein. Die Grenzgebiete waren Militärzonen mit entlegenen Stützpunkten und Patrouillen. Die Karpatenpässe wurden besetzt und befestigt. All dies machte unsere Hegebestrebungen und unser erfolgreiches Jagen äußerst schwierig.

Hegen kann man nur auf lange Sicht. Deshalb waren wir auch schon damals in den turbulenten Zeiten Anfang der Vierziger-Jahre optimistische Heger und Jäger. Wir hatten ja einen Jagdpachtvertrag für zehn Jahre, und wenn man 22 Jahre alt ist, so erscheinen zehn Jahre als eine Ewigkeit!

Eine Hochwildjagd ist nie eine billige Angelegenheit. Wir waren keine reichen Leute, aber wir spendierten, was wir konnten und was notwendig war. Die größten Summen verschlangen der Jagdpachtzins und die Gehälter unserer Heger, auch die notwendigste Einrichtung des Reviers. Es mussten in jedem Jahr die vorhandenen Jagdhütten (auf karpatisch: „Koliben") ausgebessert und auch einige neue gebaut, die erforderlichen Pürschsteige gezogen werden. Ein Glück nur, dass wir keinen Wildschaden zu bezahlen hatten; einen Wildschaden im Urwald gab es ja nicht, Felder und Fluren auch nicht, höchstens eingefriedete Kartoffel- und Hafergärten neben einem Anwesen im Tal. Für die Schäden, die das Raubwild, Bär, Wolf und Luchs, verursachten, war der Jagdberechtigte damals nicht verantwortlich. Die Schäfer und Hirten hielten deswegen große, wilde, zottige Köter, die gegen die Wölfe mit Stachelhalsbändern, aber die langen Nägel nach außen, versehen waren. Die Vielzahl der Hunde verursachte in den Frühjahrs- und Sommermonaten zur Zeit des Auftriebs auf die Almen im Wildbestand Störungen und Schaden. Auch das Füttern bereitete keine Kosten, weil das dortige Wild einfach nicht zu füttern war. Man wollte es aber besser wissen als unsere Vorgänger. Der Jagdpachtvertrag schrieb deshalb den Bau von Hochwildfütterungen vor. Einige wurden auch gebaut und mit hochwertigem Wiesenheu beschickt. Das scheue Karpatenwild, das wirklich noch „Wild" war, ging jedoch nie in ihre Nähe. Denn auch bei hoher Schneelage hatten das Rot- und Rehwild in den südlichen Lehnen der Kahlschläge der niedrigeren Lagen die beste Äsung an grünen Brombeerblättern in Hülle und Fülle.

Dennoch floss fast ein Dreiviertel meines Gehaltes stets in die Jagdkasse! Wie immer hatte Vater auch diesmal damit Recht behalten, dass er aus seinen Söhnen leidenschaftliche Jäger machte, denn er meinte, dass man dadurch von anderen, schlimmeren Lastern ferngehalten würde. Es blieb auch nicht viel übrig für schlimmere Laster! Aber das störte mich überhaupt nicht. Ich erachtete unsere Karpatenjagd als eine hervorragende Kapitalanlage, die mir in den zukünftigen Jahren noch reichlich Zinsen in Form von einmaligen Jagderlebnissen einbringen würde.

Die ganze Karpaten-Jägerei hatte für mich einen riesigen Haken. Ich war „angehender Angestellter", dem nur ein Jahresurlaub von zwölf Arbeitstagen zustand. Sie sind auch für lediglich eine Hirschbrunft zu wenig! Ich erhoffte aber eine raketenartige Karriere mit der Möglichkeit, mich so früh wie möglich selbständig zu machen. Dann würde ich nur von mir selber Urlaub erbitten müssen! Bis dahin überbrückte ich alles mit „Hilfsmethoden". Ich wurde zum Beispiel unerwartet krank. Dann wechselte ich in den zweieinhalb Jahren, die mir insgesamt als Jagdpächter beschieden waren, zweimal meine Stellung. Ich richtete es so ein, dass diese Intervalle in eine jagdlich wichtige Zeit, so also in die Hirschbrunft oder zur Hahnenbalz fielen. Schließlich, im April 1944, als das Heulen der Kriegshyäne schon an der Goldenen Bistritz zu hören war, verbrachte ich noch drei Abschiedswochen im heißgeliebten Revier. Der „Einrückungsbefehl" erreichte mich in den Bergen. Einige Tage später fand ich mich dann in „Montur" hoch zu Ross in den Pripjetsümpfen wieder...

Zum ersten Male verspürte ich damals und in den Ostkarpaten das alles zurückstellende Verlangen, mein Leben ganz der Jagd zu widmen. Meine Vorstellung war, ein Karpatenrevier wie das von uns gepachtete jagdlich zu verwalten und mit dem Wild zu leben.

Fast zwei Jahre später führte mich mein Schicksal, oder nennen wir es Vorsehung, wieder nach Hause in eine veränderte Welt. Vielleicht trauere ich heute noch am meisten dem verlorenen Karpatenrevier an der Goldenen Bistritz nach, dem Jagdglück, das auf mich wartete, den rauschenden Urwäldern, dem einsamen „Berg des Menschen", dem Sonnenaufgang über der endlosen Kette der Karpatenkämme, dem Angehen des Hirsches mit dem Ruf im wilden Schlag.

Ich wurde dann auch sehr bald Berufsjäger, aber nicht in den Karpaten. Es vergingen achtundzwanzig lange Jahre, bis ich die Ostkarpaten 1972 wiedersehen sollte.

Wie oft im Leben, trug ein Zusammenkommen glücklicher Umstände hierzu bei. Ich habe einen lieben Freund, nennen wir ihn H., einen großen Jäger vor dem Herrn, mit dem ich im Laufe von anderthalb Jahrzehnten viele gemeinsame Jagdtage erlebte und viele gute Trophäen erbeutete. In dem Jahrzehnt, in dem ich in Südungarn, dem unvergesslichen Lábod, Jagdleiter war, ist H. wiederholt in den Karpaten zur Brunft gewesen, konnte sich aber nie richtig in einem Revier zurechtfinden und einen starken Hirsch zu Gesicht bekommen. Ich hatte zur Hirschbrunft in den eigenen Gefilden alle Hände voll zu tun, sehnte mich aber immer wieder nach den Karpaten.

Dann, mit zunehmendem Alter, landete ich im Büro. Zur hohen Zeit der Hirschbrunft blieb ich unbeschäftigt. Da sagte H. eines Tages zu mir: „Komm doch mit in die Karpaten. Wir suchen uns ein schönes Revier. Du bist mein Gast auf einen guten Hirsch!" Das war zu viel; denn ich bin mein Leben lang ein bescheidener Jagdgast und Freund gewesen.

„Ich komme natürlich, auch zu Fuß, du könntest mir keine größere Freude machen. Aber einen Hirsch auf dein Konto werde ich bestimmt nicht schießen!"

Für die Brunft 1972 wurden uns mehrere Karpatenreviere zur Auswahl angeboten. Das eine von ihnen war das Staatsrevier C. im äußersten südöstlichen Zipfel des Karpatenwalles. Der Stellvertreter des dortigen Forstmeisters war ein „Székler" mit ungarischer Muttersprache und der Vetter eines jungen Berufskollegen in Budapest. Ich nahm natürlich sofort Briefwechsel mit ihm auf. Er versicherte uns, dass er uns selber als die einzigen Jagdgäste im Revier von über 20 000 ha führen würde. Mit gutem Gewissen könne er versprechen, dass H. mindestens auf einen sehr guten Hirsch zu Schuss kommen würde. Die große Sehnsucht meines Jägerherzens, wieder eine Hirschbrunft in den Ostkarpaten erleben zu dürfen, war nunmehr in greifbare Nähe gerückt!

In diesem Zusammenhang bin ich dem Leser ein Geständnis schuldig. Seitdem ich als Bub die Karpatenbücher verschlungen hatte und dann selber, wenn auch unter sehr stiefmütterlichen Umständen, in den Ostkarpaten jagen durfte, sind diese mein Leben lang stets die „ewigen Jagdgründe“ und meine Sehnsucht geblieben. In meinem Berufsjägerleben in Ungarn habe ich später wirklich alle Möglichkeiten gehabt und auch wahrgenommen, mich nach Herzenslust mit dem Wild zu befassen und mich jagdlich zu betätigen. Ich habe so viele hochkapitale Hirsche, Böcke und Keiler bejagt, wenn auch nicht selber geschossen, wie wenige andere. Doch musste ich stets daran denken: Die richtige Jagd ist die in den „ewigen Jagdgründen“!

Es war alles vorbereitet. H. wollte am 17. September in Budapest ankommen, wir wollten am 18. mit meinem Wagen gen Osten fahren, am 19. im Revier sein und bis Anfang Oktober bleiben.

„Doch mit des Geschickes Mächten…“, sagt der Dichter. Ende August war ich im Süden in den Donauauen zum Photographieren, dort meldeten die Hirsche schon. Aber eines Abends konnte ich mich vor Atemnot kaum zum abgestellten Auto zurückschleppen. Ich wurde sofort ins Krankenhaus gesteckt, zum ersten Mal in meinem Leben.

Meine Ärzte waren Jäger. Sie zeigten Verständnis, als ich ihnen sagte, ich würde auch halbtot am achtzehnten in die Karpaten zur Hirschbrunft fahren! Sie versuchten, mich aufzupäppeln, wir starteten auch programmgemäß. Die Geschichte dieser Brunft ist im elften Kapitel zu lesen. Was aber dort nicht steht, ist die Tatsache, dass ich mich in der Höhe von über tausend Metern während der ganzen Zeit unseres Aufenthaltes ganz hundsmiserabel fühlte. Ich konnte kaum drei, vier Schritte gehen. Manchmal glaubte ich, meine letzte Stunde hätte geschlagen. Aber reiten konnte ich. Freund Jagdleiter hielt ein Ross zu meiner Verfügung. „Wir“ erlegten einen guten Hirsch. Dann brachte ich H. zum Flugplatz nach Bukarest, machte eine scharfe Wendung Richtung Nordwesten und war in vierundzwanzig Stunden in Budapest, nach weiteren vierundzwanzig Stunden wieder im Krankenhaus, wo man einen schon überstandenen Herzinfarkt feststellte und mich wieder auf die Beine brachte.

Die folgenden zwei Hirschbrunften verlebten wir gemeinsam natürlich im gleichen Revier. Wir hatten ja ein gutes Karpatenrevier gefunden und nutzten die Chance. Ich erlebte alles mit Wehmut, weil mir die körperliche Fitness fehlte, um die Jagd in den wiedergefundenen „ewigen Jagdgründen“ voll zu genießen.

Wir hatten richtig gehandelt, indem wir die altbewährte, gute Lebensweisheit befolgten: „Pack zu, wenn Dir das Leben etwas bietet!“ In den ersten Oktobertagen 1974 übernachteten wir in Brasov, als wir aus dem Revier kamen. Dort erreichte uns die Nachricht, dass Jagdmöglichkeiten für Ausländer bis auf weiteres nicht mehr gestattet wären.

Seitdem sind fast fünf Jahre vergangen. Ich bin schon ein Sechziger geworden, die Kräfte schwinden. Mir scheint, ich kann nun getrost das Buch der „ewigen Jagdgründe“ abschließen.

Und es klappte auf Anhieb ...

Am Weihnachtsabend 1941, kurz vor Mitternacht, direkt von unter dem Christbaum fort, starteten wir vier Jäger mit dem Nachtschnellzug zur ersten Erkundungs-Jagdfahrt in das neue Karpatenrevier. Unsere Zeit war kurz bemessen. Drei Jagdtage nur, aber wir mussten hin, mussten die Gefilde unseres erhofften großen zukünftigen Jagdglückes sehen.

Wir wollten es auf Sauen versuchen. Eine Saujagd nach „Karpatenmuster" erleben, mit den dortigen Herren und unseren zukünftigen Jagdkameraden, den rumänischen Bauernjägern, Bekanntschaft schließen.

Damals lebten wir noch nicht im Zeitalter des Autos. Keiner von uns besaß einen Wagen, schon gar nicht einen solchen, mit dem man zur tiefverschneiten Winterzeit die 800-km-Fahrt tief hinein ins Gebirge hätte unternehmen können. Die Bahnfahrt im warmen Schlafwagen des Schnellzuges über Großwardein und Klausenburg, Szamosujvár und Dés in Siebenbürgen war die einzige praktische Verkehrsmöglichkeit. Am Morgen des ersten Weihnachtsfeiertages mussten wir dann mit unserer Ausrüstung in Bethlen auf den Lokal-Schnürl-Zug nach Bistritz umsteigen und kamen bei strahlendem Sonnenschein, aber scharfer Kälte, in der lieben kleinen „Provinzhauptstadt" mit ihren alten Häusern und ihrer spitztürmigen, massiven Kirche an. Schon in Budapest hatte der Schnee bis zu den Knöcheln gereicht, hier war er wadentief. Wie hoch würde er oben in den Bergen liegen?

Bistritz war, wie viele der Städte Siebenbürgens damals, seit achthundert Jahren, seitdem Könige aus dem Árpádhaus Ungarns sächsische Handwerker hier ansiedelten, welche die Städte gegründet und im Laufe der Jahrhunderte zum Aufblühen gebracht hatten, immer noch eine „sächsische“ Stadt. Siebenbürgen, das durch Gebirgskämme abgeschlossene kleine Fürstentum im Osten des Karpatenbeckens, konnte sich sogar auch mit der das sonstige Ungarn überschwemmenden Woge der osmanischen Schreckensherrschaft arrangieren, seine Unabhängigkeit und den Nationalitätenstaat mit drei Völkern, genauso wie die Schweiz, bewahren. Einen Teil der „Heiligen Ungarischen Stephanskrone“ bildend, lebten dort tausend Jahre lang Siebenbürger Ungarn, ein zwei oder drei Millionen umfassender geschlossener Block des magyarischen Stammes der „Székler“, fast ebenso viele „Siebenbürger Sachsen“. Sie bildeten die Stadtbevölkerung, waren Handwerker und Bauern und lebten mit der gleichen Anzahl Rumänen in völliger Eintracht zusammen.

Natürlich gab es mehrere leidenschaftliche, hervorragende Jäger unter den Eingeborenen von Bistritz, mit denen wir schon vorher Kontakt aufgenommen hatten und die wir nun zu unserer Jagd einluden. An diesem Weihnachtstag machten wir Besuch bei den bekanntesten Jägern, den Gebrüdern Braedt. Sie besaßen eine blühende Gastwirtschaft und Selcherei, eine wilde Meute von sechs Jagdterriern, die damals noch weitgehend unbekannt waren. In ihren Wohnungen konnten wir kapitale Hirschgeweihe, Bären- und Wolfsdecken und Keilerwaffen bestaunen. Hingegen zeigte Freund Schankebank, seines Zeichens Uhrmachermeister, eine Kollektion von Kapitalgehörnen, die zum größten Teil aus den Eichenwäldern in den Mittelgebirgen rund um Bistritz stammten und die einem den Atem verschlugen. Was bargen doch diese entlegenen Riesenwaldungen „am Ende der Welt“ für Trophäen und Jagdfreuden, hoffentlich auch für uns! Wir schwelgten in einem unwahrscheinlichen Freudentaumel!

Nach einem kapitalen Weihnachts-Mittagessen starteten wir dann in drei Autos mit den vier neuen Bistritzer Jagdfreunden und ihrer kläffenden und beißenden Hundemeute zu einer 50-km-Fahrt durch ein sanftes Mittelgebirge und tiefen Schnee. Unser Ziel war die Ortschaft Rodna am Fuße des gleichnamigen Gebirges, wo unser Revier begann. Dort entlohnten wir die Mietautos und stiegen in die auf uns wartenden, mit zottigen Huzulenpferden bespannten Schlitten um.

Es war schon tiefe, vom Vollmond hell erleuchtete Nacht, in der wir in der tiefverschneiten Schneelandschaft auf der „Straße" fuhren, dicht neben dem rauschenden Szamosfluss, der dort noch ein Gebirgsbach war. Nicht nur, dass uns eine unwahrscheinliche Märchenlandschaft umgab, sondern sie gehörte uns auch! Hier, in dieser Bergwildnis, durften wir nach Herzenslust jagen! Heute, nach fast vierzig Jahren, fühle ich immer noch ganz intensiv das überaus beglückende Gefühl, das uns alle damals in seinen Bann schlug.

Mit Schellengeläut zogen die beiden Rösslein den Schlitten das sanft abfallende Flussbett leicht hinan. Ihr Kutscher war ein waschechter alter Gebirgsrumäne mit Namen Badea Timoftei. Onkel Timoftei in Opanken trug einen aus selbstgewebter Schafswolle gefertigten dicken Anzug, bei dem nach uralter rumänischer Bauernsitte das Hemd unter dem breiten, gestrickten Ledergürtel, aber über der Hose getragen wurde. Ein dicker Schafspelz und eine riesige schwarze Pelzmütze vervollständigten seine Kleidung.

Rumänisch hat viel Ähnlichkeit mit Latein. Meistens hat man eine Ahnung, um was es sich handelt, wenn man es liest. Aber wenn man es nur hört, zumal den Gebirgsdialekt der Bergbauern, so versteht man kaum eine Silbe.

Deshalb versuchten wir, mit unserem abenteuerlich aussehenden Wagenlenker ein Gespräch in deutscher oder ungarischer Sprache anzuknüpfen, was im Hinblick auf seine Militärdienstzeit in der K.u.K.-Armee vielleicht Erfolg versprach. Doch des „Onkels" Sprachkenntnisse erstreckten sich lediglich auf einige deutsche Kommandos, wie: „Rechts um!", „Links um!", „Volle Deckung" und „Feuer". Ungarisch sprach er noch viel weniger.

Es war hoffnungslos, wir mussten aufgeben. Nach einer Weile des Schweigens drehte er sich plötzlich zu uns um und fragte zu unserer größten Verwunderung mit waschechtem amerikanischen Slang: „Say, folks, d'you speak English?" Das war mehr als grotesk inmitten der tiefverschneiten Karpatenurwälder! Nun begann ein flüssiges Gespräch, in dem er uns erzählte, dass er noch vor dem ersten Weltkrieg nach den USA ausgewandert sei und fünfzehn Jahre lang in Chicago gelebt habe. Womit er sich dort beschäftigte, verschwieg er. Wir meinten, er wäre „Gangster“ gewesen! Er kehrte dann in sein Karpatendorf zurück, wo sich Wölfe und Hasen gute Nacht sagen, und setzte sein Gebirgsbauernleben fort.

Nach dreistündiger Fahrt das Szamostal hinauf kamen wir in später Nacht ins Zentrum des Reviers, zum Sägewerk und der Gebirgssiedlung Mariental. Es blieb auch später immer der Ausgangspunkt unserer Jagdausflüge. Von hier startete man mit Pferd und Wagen in die näheren, mit Packpferden aber in die entlegenen Revierteile. Es gab auch eine Försterei mit drei Gästezimmern, in die wir uns einquartierten. Riesige Kachelöfen verbreiteten eine wohlige Wärme, um unsere von der langen Schlittenfahrt durchfrorenen Knochen wieder zu erwärmen. Hier trafen wir auch unsere ortsansässigen Gäste, den zuständigen Forstmeister unseres Reviers und den Herrn „Stuhlrichter“ aus Rodna.

So waren also eine komplette Jagdgesellschaft und eine Runde zwar verschiedener, aber jagdlich übereinstimmender Jäger zusammengekommen. Trotz der späten Stunde standen Schinken, Speck und Gselchtes, feurige Weine in großen Korbflaschen aus dem Tal des Küküllö-Flusses in Süd-Siebenbürgen und auch vom Plattensee auf dem Tisch. Wie es sich für zünftige Jäger geziemt, bildeten sie eine äußerst trinkfeste Gesellschaft. Wir alle verstanden uns schon nach dem dritten Glas! Es wurde eine sehr feuchtfröhliche Nacht, die fast bis zum Morgengrauen dauerte. Die Freundschaft der Jäger war fest geschlossen.

Am zweiten Weihnachtstag weckte uns grimmige Kälte, aber strahlender Sonnenschein. Die Welt hätte damals für uns nicht schöner sein können!

Die „Abspürer“ und „Fährtensucher“, ihre Kommandanten waren die nun von uns angestellten Heger unserer Jagdpächter-Vorgänger, eine Schar Waldläufer, ortsansässige Bauern und Hirten, waren schon bei Tagesanbruch paarweise die nach Mariental auslaufenden Täler emporgezogen, um sich dann an den ausgemachten Punkten, an Graten zwischen den Tälern, zu treffen. Es war verabredet, dass wir uns alle bei dem entlegenen Bauernhof „Ciksa" im Großen Tal -„Valea mare" – treffen würden. Hier wollten wir die Abspürer mit ihren Meldungen erwarten, ob und wo Sauen eingekreist seien. Danach sollte der Verlauf des Jagdtages bestimmt werden.

Für den, der kein Urwaldjäger ist, mag dies alles ein wenig seltsam klingen; man müsste doch wohl wissen, wo und in welchem Waldteil oder in welcher Dickung Sauen zu stecken pflegen. Dies trifft jedoch hier nicht zu! Die Waldungen sind schier endlos und ungestört. Da kann das Wild überall und nirgends sein. Ferner ist der Wildbestand bedeutend dünner gesät als in unseren Kulturrevieren! Hier wird das Nutzwild noch vom Großraubwild reguliert, von Wolf, Bär und Luchs, insbesondere vom Wolf, der dafür sorgt, dass die Wildbestände nicht überhandnehmen, stark und gesund bleiben. Freilich wollen wir „Kulturjäger" dichtere, leichter zu bejagende Bestände, mehr Wild, mehr Anblick und wenig schwieriges Jagen. Es ist schon möglich, auch dort das richtige Gleichgewicht zwischen Wild und Raubwild zu finden. Doch bei allzu scharfen Hegemaßnahmen schlägt das Pendel der Waage dann leicht zum Nachteil des Raubwildes aus, was zur Folge hat, dass sich das Wild, insbesondere das Rotwild, zu stark vermehrt und sodann schlagartig an Qualität einbüßt. Diese Entwicklung zeichnete sich schon in den dreißiger Jahren in einigen gut gehegten Herrschaftsrevieren der Ostkarpaten ab und verstärkte sich nach dem zweiten Weltkrieg, vornehmlich in den sechziger und siebziger Jahren, nachdem das Rotwild in den Ostkarpaten auffallend zugenommen hatte.

Wie ich schon in der Einführung sagte, hatten infolge der Kriegshandlungen in nördlicher gelegenen Gebieten und in den wirren Zeiten in Nordsiebenbürgen die Wölfe so zugenommen, dass sie vornehmlich für Schafe und Schäfer, Wild und Jäger zur Plage wurden. Die naturgemäß schon dünnen Wildbestände, in erster Linie Rotwild, Reh- und Schwarzwild, wurden dadurch über alle Maße gezehntet. In jedem Winter unserer Pachtzeit wurden 60 bis 80 Stück von Wölfen gerissenes Rotwild gefunden. Die Verluste der Sommerzeit, vor allem an Jungwild, waren natürlich vollständig unbekannt, ebenso die Zahl der gerissenen Sauen und Rehe.

Es ist nämlich so, dass in der Winter- und Hungerzeit die Wölfe systematisch in Rudeln von meistens sechs bis acht Stück jagen. Vornehmlich nachts durchtreiben sie systematisch die beiden Lehnen der Täler, die Waldungen rechts und links vom Tal. Dabei halten sie Kontakt miteinander wie gute Treiber, verständigen sich mit kurz abgehacktem, kläffendem Hetzlaut. Sie reißen im stets tiefen Schnee das Rehwild leicht nach kurzer Hetze. Die kurzläufigen Sauen, in erster Linie natürlich Frischlinge und Überläufer, würgen sie sofort ab. Das hochläufige, mehr bewegliche und ausdauernde Rotwild müssen sie jedoch auch im tiefen Schnee über weite Strecken hetzen. Das gehetzte, ermüdende Stück flüchtet dann naturgemäß bergabwärts. Schließlich kommt das erschöpfte Wild unten im Tal im vereisten Bachbett an. Die Wölfe aus der gegenüberliegenden Lehne sind auch schon da, umzingeln das Stück, das sehr bald auf dem Eis ausrutscht, damit ist dann sein Los besiegelt.

Dies ist die Erklärung dafür, dass der Großteil der Stücke des von Wölfen gerissenen Rotwildes aufgefunden wird, da an den meisten Bachbetten in den Tälern Holzabfuhrwege entlangführen, die hin und wieder der Mensch benutzt.

Unser wundervolles, riesiges Karpatenrevier besaß in den etwas niedrigeren Lagen und an den südlichen Lehnen auch Mischwälder von Buche und Fichte, in den Hoch- und Nordlagen nur reine Fichtenwälder. Diese gemischten Waldpartien waren mit ihrer Buchenmast auch für einen stärkeren Bestand an Sauen geeignet. Es gab dort damals jedoch nur sehr wenige Sauen, da die Wölfe von ihnen einen viel zu hohen Zoll nahmen. Starke Bachen und urige Urwaldkeiler zogen hin und wieder ihre Fährte, da besonders die wehrhaften, gewaltigen Keiler mit ihren gefährlichen Waffen vor den Wölfen fast sicher waren. Sie konnten in einem Kampf, wenn die Hinterpartie durch Deckung geschützt war, auch einem Wolfsrudel gefährlich werden.

Wir Schützen waren nach ausgiebigem Frühstück in der von dunklen Fichtenwäldern bestandenen, im strahlenden Sonnenschein prachtvoll glitzernden Schneelandschaft im knietiefen Schnee fast zwei Stunden lang zu unserem ausgemachten Treffpunkt, dem Waldbauernhof, gewandert. Nach und nach kamen die Waldläufer von ihrem Erkundungsgang zurück. Es waren hagere, pelzbemützte Gestalten, alle in Opanken und in ihrer selbsthergestellten Bergbauerntracht. Einige unter ihnen trugen meist vorsintflutliche Hahnflinten. Der baumlange, weißhaarige Greis, der Altmeister unter den dortigen Jägern, der achtzigjährige Badea Pomahatsch, hatte eine Browningflinte auf dem Rücken. Auf unsere erstaunte Frage antwortete er stolz, dass er das Gewehr vom König Karol von Rumänien, den er auf der Jagd erfolgreich führte, als Anerkennung bekommen hatte. Außer der Jagdterriermeute unserer Freunde aus Bistritz, gab es noch Hunde der verschiedensten Rassen und Mischlinge, die alle Sauen und Raubwild hetzen sollten.

Es war also eine bestens vorbereitete und gut arrangierte Jagd, aber auch ein großes Volksfest. Denn mindestens zwanzig ortsansässige Jäger und Hundeführer waren ausgerückt, um gemeinsam mit uns, den „Herren“, zu jagen. Wir sollten angestellt werden, sie sollten treiben, natürlich ohne Lohn! Sie waren viel zu stolz, um eine Entlohnung anzunehmen. Wir alle jagten doch gemeinsam! Das wurde hier so gehalten. Natürlich war das erlegte Wild unsere gemeinsame Beute und wurde auch brüderlich verteilt!

Es war eine Stunde vor Mittag, als alle „Fährtenleser“ eingerückt waren. Ein Riesenpalaver entstand, von dem wir natürlich überhaupt nichts verstanden. Dann wurde uns die freudige Nachricht verdolmetscht, dass ganz in der Nähe eine einzelne Sau, höchstwahrscheinlich ein Keiler, in die Dickung des sich über dem Hause erhebenden Berges eingewechselt war. Diesen einen Trieb könnten wir machen. Für weitere sei es dann heute zu spät. Sonst seien nirgends Sauen fest. Eine hervorragende Chance also für dieses

Treiben, denn der Keiler würde sicher stecken, der Einwechsel sei frisch, kein Auswechsel entdeckt worden.

Endlich brachen wir auf. Die Fichtendickung erstreckte sich etwa zwei Kilometer weit auf einem steil abfallenden Bergrücken, der ganz hinten ins Tal abfiel. Unten natürlich, wie hier in jedem Tal, gab es einen verschneiten und vereisten Bach. Der Berg fiel von Westen nach Osten ab. Es wurde freilich nach Osten zu bergabwärts getrieben. Treiber und die vielköpfige Hundemeute erklommen den Steilhang im Hochwald westlich der Dickung. Wir Schützen stapften im Bachbett das Tal hinauf. Keine fünfhundert Meter vom Haus entfernt kreuzten wir die einwechselnde Fährte der Sau, eine sich im knietiefen Schnee quer über die Wiese Richtung Dickung schlängelnde tiefe Furche. Der Schnee war so tief, dass die kurzläufige Sau ihn im Ziehen mit dem Brustkorb auseinandergeschoben hatte. Dadurch war die tiefe Furche entstanden.

Ich wurde kaum zwei Büchsenschüsse weit entfernt vom Anwesen in der Nähe des Einwechsels als erster Schütze auf der schmalen Wiese am Bachrand angestellt. Vor mir erhob sich die steile Berglehne, die schütter mit Kiefernjungwuchs bedeckt war. Dazwischen lagen kleine, zimmergroße Fehlstellen und Lichtungen. Die anderen Schützen zogen bachaufwärts und umstellten die Bergnase im Tal.

Dann, nach einer Stunde, der zeitlich abgestimmte Hebschuss weit links oben auf dem Bergrücken. Der Wald war tot, kein Greif in den Lüften, keine Meise im Gesträuch, kein Laut, kein Ton.

Plötzlich, links weit oben in der Dickung, ein scharfer, kurz abgehackter Hundelaut, zu dem sich dann mehrere Hundestimmen gesellten, die bald zu einem vielstimmigen Chor anwuchsen. Die Hunde waren an die Sau gestoßen. Aber es war weit, weit oben, der Chor erscholl von derselben Stelle. Vermutlich hatten im tiefen Schnee die Hunde die Sau gestellt und ließen sie nicht von der Stelle.

Es konnte in mir noch keine rechte Aufregung aufkommen, das Geschehen war viel zu weit weg. Wer wusste schon, ob und wo die Sau ausbrechen würde? Aber dann fiel dort oben ein Schuss, das

Hundekonzert schien sich hörbar mir und hangabwärts zu nähern. Jetzt wurde die Lage ernst, aber ich konnte vorerst nichts sehen. Die wilde, wüste Jagd kam immer näher hangabwärts. Die Sau schien sich dann auf nicht weiter als hundertachtzig Schritt über mir in der dicht verwachsenen Lehne wieder zu stellen. Das Wild war mir also schon in Schussweite! Doch ich sah nur das Wackeln der Äste, das Blitzen eines Hundeleibes, ab und an auch eine große, dunkle Gestalt schemenhaft im Gestrüpp, wie sie nach den sie belästigenden Kötern schlug. Es waren mindestens zehn scharfe Hunde um sie herum und ließen sie nicht weiter. Lange Minuten vergingen in nervenanspannender Aufregung. Gibt es denn für das Jägerohr einen aufregenderen Ton als das wilde Kläffen einer die Sau hetzenden oder stellenden Hundemeute?

Dann kam die wilde Hatz etwas näher, nur einige Schritte. Aber die Sau stellte sich am Rande einer halbzimmergroßen, kleinen Lichtung ein, hatte die Hinterpartie von dichtem Fichtenjungwuchs gedeckt. Ich konnte nur das Wackeln der Zweige sehen, die wild gewordenen Hunde attackierten sie von der Lichtung her. Ab und zu unternahm sie einen Ausfall, wenn die Belästiger allzu nahe gekommen waren. Eine solche Gelegenheit benutzte ich zu einem blitzschnellen Schnappschuss, als die Sau von Hunden nicht gedeckt war und für einen Augenblick ihre Flanke zeigte. Natürlich fuhr die Kugel irgendwo in den Schnee. So ging es nicht, ich musste abwarten.

Auf das wilde Hundegekläff kamen einige Treiber mit lautem Gejohle vom Grat zum Kampfplatz hinunter. In das wilde Spektakel der erregten Menschen- und Hundestimmen fielen zwei, drei Alarmschüsse, um die Sau aus ihrem Versteck in Bewegung zu bringen.

Plötzlich rollte alles im nach allen Richtungen spritzenden Schneegewölk wie eine wilde Woge den Hang hinunter direkt auf meinen Stand zu: die zottige, schwarze, schneebedeckte Sau und ringsherum die in höchster Erregung kläffenden und jaulenden Hunde. Es war eine Nervenanspannung, die ich nicht mehr vergessen kann!

Die wilde Hatz kam immer näher. In der steilen Lehne hatte ich auch auf mehrere Fehlstellen Sicht. An ein Schießen war jedoch überhaupt nicht zu denken, da die um die Sau herumwogenden Hundeleiber diese ständig verdeckten. Hunde und Sau hatten sich schon in der Dickung zum Wiesenrand am Bach auf dreißig Schritte herangewälzt. Würde ich den Keiler wegen der Hunde unbeschossen durchlassen müssen? Das wäre ja eine Katastrophe!

Doch der heilige Hubertus hatte ein Einsehen! Die Randfichtenbüsche verlassend, machte die Sau einen Riesensatz hinaus auf die Wiese. Die Hunde blieben plötzlich zwei, drei Schritt hinter dem Stück. Es kam ganz frei neben mir auf kaum fünfzehn Gänge über die Wiese, um den Bach zu durchqueren und im Hochwald des Gegenhanges zu verschwinden. Die starke, zottige Sau auf der sonnenbeschienenen, freien Schneefläche auf so kurze Entfernung, dahinter die kläffende Meute, war ein herrlicher Anblick.

Es war keine Kunst, ihr die Kugel über Kimme und Korn auf den Teller zu setzen. Sie überschlug sich, der wirre Knäuel der Hundeleiber war sofort über ihr.

Zur Strecke kam ein mittlerer, vier-, fünfjähriger Keiler, aber bis zu diesem Zeitpunkt mein bester mit 18 cm langen Waffen und für unsere „Flachlandbegriffe“ auffallend stark im Wildbret. Was er gewogen hat, kann ich nicht sagen, denn er wurde im Schnee von einem Pferd zum Bauernhof gezogen, dort aus der Decke geschlagen und das Wildbret unter den Teilnehmern verteilt.

Auch war dies das erste Wild meiner „neugeborenen“ Büchse. Völlig neu war sie nicht, ich ließ sie nur umbauen. Ihre Geschichte verdient es, kurz erzählt zu werden.

Vater erstand sie im Jahre 1910 neu in Wien. Sie hatte einen langen Lauf und war nach damaliger Sitte noch ein lang geschäfteter Stutzen mit dem damals neuesten Hochwildkaliber 9 x 71. Sie war von Meister Peterlongo in Innsbruck, einem der besten Büchsenmacher der damaligen Zeit, gebaut worden und verschoss dicke Teilmantelbatzen von etwa 16 g Geschossgewicht. Anfang der dreißiger Jahre begann ich als Bengel und Jungjäger sie zu führen. Vorerst ohne das schier vorsintflutliche Zielfernrohr; denn die harte

Jägerschule Vaters verlangte, dass die Söhne das Anpürschen und nicht das Weitschießen lernten. Fast zehn Jahre lang führte ich sie dann im Flachland Westungarns, schoss etwa drei Dutzend Stück Rotwild und an die hundert Böcke damit. Die Beschaffung der Patronen für dieses damals auch schon vorsintflutliche Kaliber wurde aber immer schwieriger. Außerdem hatten wir in den vierziger Jahren unsere jagdlichen „Expeditionen" auch ins Gebirge ausgedehnt. Dafür brauchte ich ein rasantes Geschoss mit gestreckter Flugbahn. Dieses dicke, „krumm" fliegende war, obwohl es stets eine gute Wirkung hatte und eine ausgezeichnete Schweißfährte lieferte, für die Gebirgsjagd im modernen Zeitalter nicht mehr geeignet.

Der „letzte Schrei" in der Ballistik war um die Jahrzehntwende von den dreißiger auf die vierziger Jahre die 8 x 60 S Magnum mit 3,7 g Spezialpulver und dem damals neu entwickelten H-Mantelgeschoss mit Bleispitze und einem Gewicht von 12,1 g. Es wurden in der damaligen Zeit Wunderdinge darüber berichtet. Die gute alte Mauser bekam also einen solchen Lauf, einen verkürzten Schaft und ein Zeiss-Zielvier-Zielfernrohr. Nach dreißig Jahren Dienstzeit war sie wie neugeboren: Kein Mensch hätte sie wiedererkannt!

Ich führte sie zum ersten Mal in den Karpaten. Sie hat mich seitdem nie im Stich gelassen, ihre Wirkung war und ist noch immer verlässlich. Sie lebt immer noch, steht bei mir im Schrank trotz Krieg, Mord und Totschlag.

In der Zwischenzeit hat sie nur ein modernes, variables Zielfernrohr bekommen, aber auch das „neue" Kaliber ist inzwischen ausgelaufen. Ändert sich denn die Ballistik mit so rapiden Schritten, oder wird man selber so schnell alt? Allerdings war ich schlau genug, mich rechtzeitig mit mehr als hundert Patronen zu versorgen. Was ich noch an Hochwild schießen werde, dafür reicht diese Patronenzahl sicherlich aus! Einen Erben, der Jäger ist, habe ich leider nicht. Vielleicht mein Enkelsohn? Aber der muss dann sicher wieder einen neuen, modernen Lauf einlegen lassen!

Mit diesem einen Trieb wurde der Jagdtag beendet. Wir pilgerten zu unserer Behausung in Mariental zurück. Es wurde ein feuchtfröhlicher Abend; die flüssigen Vorräte waren immer noch in bedeutenden Mengen vorhanden. Freund „Stuhlrichter“ aus Rodna ließ es sich nicht nehmen, in der wundervollen hellen Mondscheinnacht einen Ansitz auf Wölfe am nahen, mit einem Pferde- und Hundekadaver beköderten Luderplatz zu versuchen. Als er gegen Mitternacht anstatt eines Wolfes mit einem prachtvollen dunkelbraunen Baummarderrüden heimkam, war die übrige Gesellschaft schon stark angeheitert. Der Marder wurde auch noch totgetrunken. Der glückliche Erleger musste mithalten, so dass er dann zuletzt das Waidloch des Marders küssen musste, als Strafe dafür, dass er ihn anstatt eines Wolfes geschossen hatte.

Am zweiten Jagdtag wurden andere Täler und Bergrücken abgefährtet. Wir mussten im tiefen Schnee weit hinauf zum Sammelplatz der Fährtensucher waten. Der Himmel war bedeckt, es war bitterkalt, so dass nach uralter Karpatensitte an unserem Ziel ein hell loderndes Feuer sofort angefacht wurde, das wir dann wartend umstanden.

Die Meldung: ein Stück Schwarzwild in einem weiten, riesigen Kamm, der von Hochwald bedeckt war, eingewechselt. Das Anstellen der Schützen und Treiber dauerte zwei Stunden, der Trieb wieder zwei Stunden ohne irgendeinen Laut im tiefverschneiten, winterstarren Hochwald der Karpatenwildnis. Nichts regte sich in dem Riesentreiben auf unserer Seite. Die Sau hatte sich irgendwo auf der anderen Flanke hoch im Berg verkrümelt.

Die weiter entfernten Revierteile konnten wegen der hohen Schneelage nicht erreicht werden. Darum mussten wir vor dem dritten Jagdtag schon abbrechen, die fröhliche Gästerunde verließ uns am Abend.

Um unseren dritten und letzten Tag noch auszunutzen, machten wir mit Jäger Olaru Pantilemon einen „bewaffneten Spaziergang“ hinauf ins Szamostal und zur Erkundung des Bergrückens Arenul im westlichen Teil des Riesenrevieres.

Dieser Bergrücken zog sich unter dem Kuhhorn, damals die höchste Bergspitze Ungarns, hinauf und bildete die Westgrenze unseres Reviers. Es wurde im fast hüfthohen Schnee mehr eine

Schinderei als ein Spaziergang. Dabei wurde es uns „Kulturjägern" auch klar, wie unglaublich dünn die Wildbestände des Karpatenrevieres waren. Wir fanden nur sehr vereinzelt Wildfährten im tiefen Schnee und in der Nordlehne des Rückens, den wir erklommen. Dafür aber sahen wir in der Südlehne des Gagi-Berges drei Hirsche. Der eine schien ein starker Kronenhirsch zu sein. Offensichtlich standen sie auf der Sonnenseite und ästen von den grünen Brombeerranken, die im Schlag der südlichen Lehne üppig wuchsen.

Dann begann die lange Heimreise, ich stolz auf meine Keilerwaffen, wir alle mit dem beglückenden Gefühl, ein Riesenrevier in den „ewigen Jagdgründen" unser eigen nennen zu dürfen.

Wenn es nicht sein soll ...

Hirschbrunft 1942

Wir waren fünf Partner in der Jagdpacht und hatten einen Jahresabschuss von fünf Bären, zehn Hirschen, fünfundzwanzig Rehböcken und zehn großen Hahnen bewilligt bekommen. Das passte wunderbar durch fünf zu teilen. So hatten wir alle die Chance und hätten nach Herzenslust unbegrenzt jagen können, wenn wir auch die dafür erforderliche Zeit gehabt hätten. Natürlich konnte jeder Partner auch das Wild des anderen schießen, wenn dieser es nicht geschafft hatte. Ich kann aber schon verraten, dass wir niemals mehr als die Hälfte erlegten.

Alle waren wir leidenschaftliche Jäger und versessen auf die Hirschbrunft und auf starke Hirsche. Im damaligen Ungarn war es nämlich so, dass es gute Rotwildbestände meist nur auf herrschaftlichen Großgrundbesitzen gab. Die meisten von ihnen waren aber damals noch weit überhegt, starke Hirsche besonders rar. Als Normalsterblicher konnte man an diese Jagden nicht herankommen.

Im Kranz der Ostkarpaten, im unendlichen Wäldermeer, zogen aber urige Urwaldhirsche ihre Fährte. Freilich gab es meistens nur die einzige Chance in einem Jägerleben, einmal nur einen von ihnen zu Gesicht, kaum aber vor die Büchse zu bekommen! Aber es gab Hirsche, sie waren irgendwo, man konnte sich um sie bemühen!

Die Krone des Waidwerks war für mich stets die Hirschbrunft, die Perle darin die in den Karpaten gewesen. Wir hatten es geschafft, das Glück auf Erden stand uns unmittelbar bevor! Wir teilten das Revier in fünf „Brunftreviere“ ein. Dies ergab sich leicht aus der geographischen Lage. Die Haupttäler mit ihren Seitentälern und -bächen bildeten je eine riesige, gut abgegrenzte Reviereinheit. In jeder gab es große Kahlschläge, auf denen man auf Brunftbetrieb hoffen konnte. Jede Reviereinheit hatte einen betreuenden Heger, der uns auf der Jagd, vornehmlich mit seiner Ortskenntnis, die uns ja vollständig fehlte, behilflich sein konnte. Dann musste auch für Unterkünfte gesorgt werden; denn im Riesenrevier gab es kein Jagdhaus, außer den Gästezimmern im zentral gelegenen Mariental. Doch da konnte man zur Hirschbrunft naturgemäß nicht wohnen. Die einzelnen Revierteile lagen oft Tagesmärsche weit entfernt. Man musste schon an Ort und Stelle, in Hör- und Reichweite der Brunftplätze hausen. Dafür aber brauchte man „Koliben".

„Koliba" bedeutet „Hütte". Es gibt drei Arten von Koliben, die Jagd-, Hirten- und Holzfällerkoliba. Alle sind als Notunterkunft zu gebrauchen, und alle haben oder hatten in den damaligen Zeiten eines gemeinsam: Flöhe. Denn Flöhe wohnten haufenweise in den dicken langen Wollhosen der damaligen Gebirgler. Die Flöhe quartierten sich sofort in den Koliben ein, wo sie in der Asche des Feuerplatzes die Notzeit überstanden, wenn niemand in der Hütte wohnte. Wenn das Feuer angefacht wurde, oft nach langen Wintermonaten, dann kamen sie sofort hervor, die Hosenbeine sahen in Kürze so aus, als ob sie mit Mohn bestreut wären. Mich störte dies jedoch gottlob überhaupt nicht; denn Flöhe scheinen mein Blut nicht zu lieben. Niemals hat mich dort ein Floh gebissen!

Wie alles in den Karpaten, waren auch die Koliben nur aus Fichtenholz gebaut. Zwei Mann zogen mit einer Säge, Äxten und einigen Kilo verschieden langer Nägel in den Wald, in zwei Tagen stand eine Jagdkoliba bewohnbar da. Gerade Fichtenstämme als Bauholz gibt es ja dort genügend. Wie diese Waldläufer mit der Axt umgehen können, ist erstaunlich. Ich habe es oft bewundern können. Wenn sie Baumstämme auf einem Hang fällen wollen, fangen sie bei den obersten an und schlagen Kerben unten in jeden Stamm, den sie fällen wollen, genau abgewogen und bedacht, in welche Seite des Stammes die Kerbe kommt. Dann fällen sie den höchststehenden Stamm. Im Sturz fällt dieser auf den ersten eingekerbten Baum, der wieder auf den nächsten, jeder Stamm stürzt genau auf die entgegengesetzte Seite der Kerbe des unter ihm stehenden Baumes. Im Handumdrehen sind so zehn, zwölf Stämme am Boden. Aus diesen Stämmen werden die Wände gebaut, die Ritzen mit Moos ausgestopft, darauf Latten genagelt, somit sind die Wände vollständig zugdicht. Fürs Dach werden Holzschindeln geschnitten, die sauber aufeinandergelegt werden, der Fußboden besteht aus Latten. Der Feuerplatz, am Vorderteil neben der Eingangstür, der mindestens 1 x 1,5 m groß sein muss, wird mit großen, flachen Steinen ausgelegt, um die Wärme zu halten. Zwei Pritschen und vier Regale, mit vielen Nägeln an den Wänden befestigt, machen die Koliba wohnlich.

Pürschsteige gab es sehr wenige in unserem Karpatenrevier. Lediglich von der Jagdkoliba zu den nächsten Schlagrändern wurden Steige gebaut, damit man sich bei Dunkelheit überhaupt bewegen konnte.

Unser Hauptrevier war der riesige Kessel des Quellgebietes des Szamos-Flusses, der ganz Nordsiebenbürgen durchfließt und etwa 400 km weiter nördlich in die Theiß mündet. Das war ein Becken von etwa 20 km Durchmesser, mit einem großen Bergrücken in der Mitte, dem Dealu Cruci – dem „Kreuzberg" – und Seitentälern mit Steilhängen. Nach Westen grenzte es an das Kuhhorn und seine Nebenberge, den Dealu Rossu, den „Roten Berg" und den Lálaberg, alle über 2 000 m. Im Osten begrenzte dieses riesige Tal der majestätische, auch über 1 800 m hohe Vurful Omului, der „Berg des Menschen". Die Waldgrenze liegt um etwa 1 500 m, was darunter wächst, ist schier endloser Urwald, darüber langgedehnte Bergrücken mit weiten Almwiesen, darüber Latschenregionen und Felspartien, leider schon ohne das ausgerottete – jetzt wieder eingesetzte – Gamswild, aber ein Tummelplatz der Bären. Ich muss aber gleich gestehen: Ich habe dort niemals einen gesehen!

Ich weiß nicht warum, aber als vor Verpachtung der Reviere die Grenzen festgesetzt wurden, wurde zu unserer geschlossenen Reviereinheit, dem Quellgebiet der Szamos, die nach Ungarn fließt, auch die Hälfte des Rusaia-Quellbeckens, die in die Goldene Bistritz und somit nach der Bukowina und Rumänien, also nach Osten zu das Karpatenbecken verlassend fließt, hinzugegeben. Es war mit seinen etwa dreitausend Hektar Fichtenurwald, da es hinter der Wasserscheide in Nordlehnen lag, mit seinen dachartig steilen Lehnen und Nebenbachbetten und mit dem majestätischen Vurful Omului, dem „Berg des Menschen“ als seine südliche Begrenzung, ein vollständig gesonderter Revierteil. Es musste ein gutes Brunftrevier sein, da es unsere Vorgänger in der Jagdliteratur besonders erwähnt haben.

Schon einige Monate vor der Hirschbrunft fand die Verlosung für die Brunft unter uns fünf Jagdpartnern statt. Aus einem alten, verwitterten Jagdhut wurden die zusammengefalteten Zettel gezogen, auf denen der Name des betreffenden Brunftrevieres stand. Ich zog die Rusaia!

Kann denn einem Jäger ein größeres Glück beschieden sein, als drei Wochen lang frei in einem so wundervollen Karpatenrevier zu jagen und zwei starke Hirsche nach seinem Gutdünken erlegen zu dürfen? Kann ich denn den Freudentaumel beschreiben, der mich mit vierundzwanzig Jahren ergriff? Nein – ich will dies erst gar nicht versuchen!

Ich konnte mir noch eine zusätzliche Woche Urlaub sichern. Zwei Wochen normaler Jahresurlaub für den Herrn Rechtsreferendar wären allzu wenig gewesen, aber drei Wochen müssten schon genügen. Denn nirgends gilt der Spruch der Alpenjäger mehr als in den Karpaten: „Zeit lassen“!

Monate vorher hatten wir schon mit dem Zusammenstellen der Listen begonnen, was man wohl für ein wochenlanges Hausen in einer Karpatenkoliba mitnehmen sollte. Alles wurde in Rucksäcken und Packsäcken verstaut, weil es auf dem Pferderücken transportiert wurde.

Derjenige, der in den Karpaten auf den Brunfthirsch zu jagen das Glück hat, muss wissen: Dort fällt die Hochbrunft zwischen den 20. September und den 10. Oktober! In dieser Zeit muss der Hirschjäger unbedingt im Revier sein. Wann freilich die besten

Tage sind, wann die Hirsche überhaupt schreien, das wissen nur der heilige Hubertus und der Wettergott.

Also: In den Karpaten gibt es keine Eile! Die Urnatur lässt sich nicht zähmen. Wer zwischen zwei Terminen nur drei Tage Zeit hat, der soll seinen Hirsch im Gatter in „Kulturländern“ schießen, nicht in den Ostkarpaten.

Wir fünf Jäger fuhren am 18. September mit dem Zug von Budapest nach Rodna. Das Umsteigen auf den Personenzug in der Kleinstation Bethlen war ein Schauspiel für sich. Schade, dass ich von den Bergen aus Rucksäcken, Büchsen und anderweitigem Gepäck, die neben den Schienen aufgehäuft waren, kein Foto habe.

Wir übernachteten in Mariental und zogen dann am nächsten Morgen in fünf Richtungen, jeder mit seinem Revierjäger und einem Taglöhner, dem „Kolibamann“, dessen Aufgabe es war, die Habseligkeiten in der Koliba zu bewachen, für viel Brennholz zu sorgen, das Feuer ständig in Gang zu halten und als Nachrichtenüberbringer zu fungieren, also Melde- und auch Versorgungsdienste zu leisten.

Zwei von uns, deren Quartiere an zugänglichen Stellen lagen, bepackten je einen Pferdewagen, die anderen benutzten Packpferde. Ich brach mit Jäger Toni Szabó, ungarischer Abstammung, auf, der aber unter der rumänischen Bevölkerung vollständig rumänisch geworden war und nur einige Brocken Ungarisch konnte. Mit uns kamen der „Kolibamann“ und der Pferdebesitzer, der die zwei Rösser aus der weit entfernten Rusaia zurückführen sollte.

Es war strahlender Sonnenschein und wolkenloser, blauer Himmel, der uns dann die ganze Brunftzeit „beglückte“. Es gab keinen Tropfen Regen in den fast drei Wochen, nur strahlenden Sonnenschein. Am 30. September, ich kann mich ganz genau erinnern, herrschten in 1 500 m Höhe über dem Meeresspiegel immer noch 30 °C am Mittag. Kein Wunder, dass die Brunft der Hirsche auch regelwidrig war, aber ich will nicht vorgreifen!

Es dauerte fast den ganzen Tag, bis wir die Hänge des Szamostales bis zur Wasserscheide erklommen hatten. Ich pürschte mit

Toni immer vorne, die Packpferde folgten uns in großem Abstand. Vielleicht würden wir Wild antreffen. Es ist jedoch in den Karpaten eine sehr große Seltenheit, zufällig am Wege Wild anzutreffen. Aber der Teufel schläft bekanntlich nie!

Unsere Gäule waren beiderseitig schwer bepackt. Sie hatten außer den Jagdutensilien auch Verpflegung für drei Mann und drei Wochen zu schleppen. Meine eigene Verpflegung bestand aus Konserven und viel Speck, der sich, über den Rauch des offenen Feuers gehängt, unbegrenzt hielt. Die Waldläufer waren damals mit einem Sack feingemahlenem Maismehl glücklich. Sie kochten es im Eisenkessel und verzehrten es hauptsächlich mit Schafskäse. Er war nämlich das einzige, was man oben in den Bergen von den Schäfern besorgen konnte. Die nächste Siedlung mit einem Laden lag einen vollen Tagesmarsch vom Rusaia-Tal entfernt. Da musste man sich schon selber versorgen.

Wir waren verspätet am Vormittag aufgebrochen. Zeit bedeutet bekanntlich dort kein Geld. Die Sonne war schon weit im Westen über dem majestätischen Kuhhorn-Massiv im Untergehen begriffen, als wir die Wasserscheide, die weitläufigen Almwiesen des Lopagna-Rückens, erreichten.

Das Bild, das sich uns bot, war unbeschreiblich schön! Hinter uns im Szamos-Becken auf südlichen Lehnen des riesigen, zerklüfteten Tales bunte Mischwälder. Vor und unter uns das steile, zerrissene Rusaia-Tal mit seinen dunklen, düsteren Fichtenwäldern, dahinter bis in unendliche Weiten langgezogene Rücken mit Fichtenwäldern, der eine hinter dem anderen, bis weit in die Mármaros und Bukowina. Im Westen begrenzt von den Felsspitzen des Kuhhornes und seinen zwei etwas kleineren Brüdern, im Südosten, zu unserer Rechten, bildete der weitläufige, von riesigen Latschenfeldern und felsigen Almen bedeckte „Berg des Menschen" den Abschluss des Rusaia-Tales.

Ich war in den Anblick dieser nie gesehenen Pracht versunken, als mich meine Begleiter zum Weitermarsch ermahnten. Hätten sie es doch nicht getan! Ich war absoluter Neuling in der „Karpatenwissenschaft" und ohne Geländekenntnis. Ich wusste zwar, dass es das allererste Gebot des Hirschjägers in den Karpaten ist, das Wild nicht zu stören und ihm nicht die Anwesenheit des Menschen zu verraten. Wie sich später herausstellte, war mein „Jäger“ Toni auch kein erfahrener Hirschjäger. Er hatte wohl die nötige Geländekenntnis, war auch ein ausgezeichneter „Naturjäger“, aber von den Feinheiten der hohen Schule der Hirschjagerei hatte er keine Ahnung.

Meine Leute wollten noch nach Einbruch der Nacht zu unserem Ziel, der neugebauten Koliba, die unter uns in etwa der Mitte des sehr steilen Hanges im Hochwald zwischen zwei weiten Schlägen stand. Sie sei „ganz nahe“, auf einem Viehsteig in einer halben Stunde zu erreichen, erklärten sie mir. Ich hatte keine andere Wahl, wusste auch nicht, was uns bevorstand auf dem Zwei-Stunden-Marsch und was wir anrichten würden. Sonst hätte ich meine Leute dazu gebracht, oben auf der Alm in einer Hirtenkoliba oder auch bei offenem Lagerfeuer die Nacht zu verbringen und erst am nächsten Morgen den Abstieg zu beginnen. Aber jeder Bauer ist erst nach dem Viehmarkt schlauer!

So stiegen wir ab auf dem steinigen Geröll des Viehsteiges in den dunklen Wald. Der Halbmond stand am samtfarbenen Firmament und gab uns genügend Licht. Dann kamen wir aus dem „Schonwald“, dem Waldstreifen, der unter der Baumgrenze auch in den Karpaten zum Verhüten der Erosion über den Kahlschlägen stehengelassen wird, hinein in den Schlag. Nicht weit unter uns, kaum drei Büchsenschussweiten vom immer schmaler werdenden Pfad entfernt, war ein wundervolles Konzert im Gange! Auf nahe Entfernung schrien sich hier drei Hirsche Schlag auf Schlag gegenseitig an! Ich stand bezaubert und zog ehrfürchtig den Hut, was ich beim Vernehmen des ersten Brunftschreies nie versäume.

Auf dem steilen Pfad und den vielen Steinen darauf machten unsere zwei Packpferde einen gewaltigen Krach. Würden die Hirsche ihn nicht krumm nehmen? Aber es gab jetzt kein Zurück mehr!

Dann stürzte das eine Ross! Es überschlug sich zwei oder dreimal seitlich und kullerte einige Meter hinunter zwischen Steinen,

Wurzeln und Jungfichten, einen Krach verursachend, als ob der ganze Wald zusammengestürzt wäre! Dann fing es sich und kam endlich wieder auf die Beine. Was im Gepäck kaputt war, das spielte eine kleinere Rolle, aber die Hirsche verschwiegen natürlich schlagartig.

Wer sich unter meinen Lesern mit Karpatenhirschen auskennen sollte, der wird es mir glauben: Während der ganzen weiteren Brunft war in dem weiten Schlag nie wieder eine Stimme zu vernehmen!

Natürlich war ich schon weit vor Tagesanbruch in dem Schlag. Es herrschte dort Todesstille. Unsere Helfer hatten sogar einen Hochsitz in eine Fichte gebaut. Der Sitz und seine Leiter waren mit Fichtenzweigen verblendet, man hatte einen wunderbaren Weitblick und Überblick über den verfilzten Schlag. Die dortigen Chancen waren aber unwiderruflich dahin!

Wir richteten uns häuslich in der bequemen Koliba auf lange Zeit ein. Das erste, was jeder Waldläufer macht, wenn er sich einquartiert: Feuermachen! Unter dem Dachfirst jeder Koliba ist ständig Feuerholz trocken aufgeschichtet; denn es ist uralte Karpatenregel, nie eine Koliba ohne Brennholz zu verlassen: Es könnte jemand nachts und durchfroren Schutz und Wärme in der Koliba suchen.

Unser Feuer erlosch niemals während der fast drei Wochen, die wir in dieser Hirschbrunft in der Rusaia-Koliba verbrachten. Jede Jagdkoliba besitzt einen riesigen, mit flachen Steinen ausgelegten Feuerplatz neben dem Eingang. Dieser hat noch ein eigenes kleines Dach als Rauchfang, was freilich nicht bedeutet, dass es keinen Rauch in der Koliba gibt. Im Gegenteil! Ich habe es nie ergründen können, warum. Aber der Südwind schlug den Rauch in die Koliba hinein, der Nordwind auch! Es war fast immer Rauch in der Bude, man musste die Tür zum Lüften öffnen, auch wegen des Knoblauchduftes.

Fest steht jedenfalls, dass nach drei Wochen Hüttenlebens wir und auch unsere Kleider vollständig verraucht waren. Die Flöhe habe ich schon erwähnt, mir taten sie nicht weh!

Es wurde hinten auf den Feuerplatz stets ein abgesägtes, meterlanges Stück eines dicken Baumstammes gelegt. Davor kam das von dicken Fichtenheistern gespeiste Feuer. So erlosch es nie; denn der dicke Stamm brannte auf der dem Feuer zugewandten Seite und hielt die Glut auch dann, wenn das Feuer vor ihm zufällig schon erloschen war. So hatten wir ein „ewiges Feuer" in der Koliba, das jede Minute, die ich dort verbrachte, verschönerte.

Mit dem Feuer in der Koliba hatte es jedoch auch eine besondere Bewandtnis. Es wurde nur mit Fichtenscheiten gespeist, die bekanntlich beim Verbrennen mit lautem Knall feuerrote, glühende Stücke in die Gegend schießen! Nichts in der Koliba war vor diesen gefährlichen Raketen sicher! Die Nächte waren in dieser Höhe oft schon bitterkalt, aber wie sagt das alte Sprichwort schon: „Wo es Rauch und Gestank gibt, dort ist es auch warm!"

Die Pritschen wurden mit dachziegelartig aufeinandergeschobenen Fichtenreisern dick bedeckt. Aber die Lagerstätte blieb so hart, als ob man auf einer Pritsche aus Hartholz schlief. Man musste sich ständig drehen. Die Hüften konnten das harte Lager nicht lange aushalten, man war nachts oft wach, weil das Feuer nachgelegt werden musste und die Decken von den Glutraketen brannten und einen infernalischen Brandgestank verbreiteten.

Die Wasserversorgung der Hütte muss ich noch besonders erwähnen. Die Ostkarpaten sind eines der wasserreichsten Gebirge. In jeder Senke findet sich eine Quelle, in jedem Graben ein Rinnsal. So war es natürlich auch in der Nähe unserer Koliba. Unsere prächtigen Waldläufer hatten eine Wasserleitung zur Koliba gebaut! Sie hatten dünne Kiefernstämme zu Trögen ausgehöhlt und damit das Wasser von der Quelle bis vor die Tür der Koliba geleitet. Das schönste Quellenwasser plätscherte vor unserer Tür, man brauchte nur die Hand mit dem Becher herausstrecken, um ihn zu füllen.

Wenn man auf den Brunfthirsch in den Karpaten jagt, muss man als Hauptregel strengstens beachten: nicht herumrennen und mit der Menschenwittrung alles verstänkern, sondern sitzen, verhören, kundschaften, und wenn der Augenblick gekommen ist, dann forsch zupacken! Offensichtlich hatten unsere Bergrumänen das von unseren Vorgängern, die hervorragende Karpatenjäger waren, gelernt. Denn sie kannten in der Nähe der Hauptbrunftplätze sogenannte „Stützpunkte" – ja, auch sie, die Stockrumänen, gebrauchten dieses deutsche Wort –, von denen aus man etwas Sicht hatte, den Hirsch verhören und ihn im geeigneten Augenblick angehen konnte.

An einen solchen Stützpunkt führte mich Toni am nächstfolgenden Tag. Er lag in nördlicher Richtung und von der Hütte auf einem neugebauten Steig bequem in einer Viertelstunde zu erreichen. Dieser Seitenrücken hieß Dealu Katuri und fiel sehr steil vom Lopagnarücken mit einem Höhenunterschied von fast tausend Metern zum Bett des Rusaia-Baches im Tal ab. Oben, unter der Lopagna ein Gürtel Schonwald, darunter ein riesiger, verfilzter Schlag mit umgestürzten Baumriesen und ihrem hochragenden Wurzelwerk, mit viel Jungwuchs und kleinen Kuppen und Tälern, ein zerrissenes, unübersichtliches Terrain. Darunter Hochwald bis zum Rusaia-Bach hinunter, steil, mit vielen Einschnitten und Kuppen, in jedem Tälchen ein gurgelnder Gebirgsbach.

Frühmorgens, als die Nebel im Rusaia-Tal unter uns brauten, herrschte Totenstille. Dann, als die Sonne über dem uns gegenüberliegenden Stanischoara-Rücken emporstieg, unseren Schlag in wohlige Wärme tauchte, die Nebelgeister vertrieb, den Aufwind aus den Taltiefen aufkommen ließ, fingen die Hirsche im Hochwald unter uns an zu melden! Es waren zwei Platzhirsche mit tiefen Stimmen. Ab und zu mischten sich auch Stimmen von Beihirschen in das Konzert.

Ich verhörte sie tagelang vom „Stützpunkt" aus in der Hoffnung, sie im Schlag draußen anzutreffen. Denn neunzig, vielleicht auch mehr Prozent der Karpaten-Brunfthirsche werden draußen auf den freien Schlägen erlegt, wenn sie ihre schwache Stunde haben und zum Brünften oder Äsen aus dem schützenden Hochwald austreten.

Eine volle Woche lang taten mir diese beiden Hirsche nie den Gefallen. Ich sah niemals ein Haar, aber sie meldeten im Hochwald in ihrem Einstand jeden Tag bei vollem Sonnenschein: am späten

Vormittag und am frühen Nachmittag! Nachts verschwiegen sie. Es war dies auch nicht der richtige Brunftbetrieb. Ihre Einstände waren durch mehrere steile Seitentäler getrennt. Sie kamen sich gegenseitig nicht „in die Haare“, bei dem spärlichen Wildbestand belästigten sie kaum andere Nebenbuhler außer ihren wahrscheinlich schwachen Beihirschen, denen sie keine besondere Bedeutung beimaßen.

Seit nun schon fast vierzig Jahren zerbreche ich mir den Kopf noch immer darüber, warum sie nicht aus dem Hochwald traten und ich um die Trophäe und um ein Erlebnis gekommen war. Ich habe jeden alten Karpatenjäger um seine Meinung gefragt. Die meisten meinten, dass unsere Koliba zu nahe am Schlag stand, dadurch Störung verursacht wurde und das Rotwild deshalb nicht auf den Schlag austrat. Das könnte möglich sein wegen der Scheuheit des dortigen Rotwildes und weil dort überhaupt nie eine Störung durch Menschen eintrat. In den fast drei Wochen meiner dortigen Jagerei bin ich keiner einzigen Menschenseele begegnet! So wäre es durchaus verständlich, wenn das Wild besonders stark auf Menschenwittrung reagiert. Es konnte jedoch auch ein anderer Faktor im Spiele gewesen sein. Es herrschte die ganze Zeit unwahrscheinlich schöner, regen- und wolkenloser Altweibersommer. Die Nächte waren kalt, aber die spärlichen Hirsche schrien fast nie, die Tage warm wie im Hochsommer. Am 30. September badete ich noch im Rusaia-Bach in einer Höhe von tausend Metern. Hätte diese Wärme nicht auch ein Grund dafür sein können, dass das Wild die Kühle der Hochwälder nicht verließ?

Wie dem auch sei, ich sah wochenlang kein Wild, dann wurde es mir zu bunt. Ich war damals Anfänger in der hohen Kunst des Hirschrufes, hatte aber das hervorragende Buch des Grafen zu Münster über den Hirschruf eingehend studiert und im Anschluss daran bei meinem Freund Gyula von Iglódy, der sein Leben in den Karpaten verbracht hatte und auch ein gutes Buch darüber geschrieben, mehrere Lektionen im Gebrauch des Hirschrufes genommen. Ich wusste also damals schon, „was man dem Hirsch sagen muss“. Wie man es ihm sagt, ist weniger wichtig; denn es muss nicht unbedingt so sehr naturgetreu sein. Ich konnte auch damals schon den Hirschruf mehr oder weniger naturgetreu nachahmen, eine Voraussetzung dafür, sich überhaupt „Hirschjäger" nennen zu dürfen.

Also entschloss ich mich, es nach einer langen Woche des Verhörens anzupacken. Als an einem sonnigen Vormittag die Platzhirsche im Hochwald unter mir gut zu melden anfingen, nahm ich mein Ochsenhorn, legte das Zielfernrohr und die Kamera an einen Wurzelstock, ich brauchte später einen halben Tag, um sie wiederzufinden, stieg den dachartig steilen Hochwald mit Ochsenhorn, blanker Büchse und Bergstock röhrend hinab. Der Hirsch antwortete auch Schlag auf Schlag. Als ich in seine Nähe kam, verstummte er. Ich musste mich unbeholfen setzen, es war nichts weiter zu machen! Ich gab mich also geschlagen und kletterte den Steilhang wieder hinauf zum Kahlschlag.

Ich habe dann das Angehen dieser zwei Hirsche, deren Einstand im Hochwald ich genau verhört hatte, jeden Tag versucht, da sie stets gut bei Tageslicht meldeten, aber niemals ein Haar von ihnen oder von ihrem Kahlwild zu Gesicht bekommen! Wenn ich in ihre Nähe kam, verschwiegen sie. Es ist möglich, dass sie Wind bekamen; denn in dem unglaublich zerrissenen Terrain des Hochwaldes küselte der Wind ständig. Ich war damals noch starker Raucher, auch, um stets die Windrichtung zu kennen, und hatte dauernd einen Glimmstengel zwischen den Fingern. So konnte ich das Küseln immer feststellen, vielleicht aber hörte ich ihre Stimme im Rauschen des Baches nicht.

Eines Tages hatte ich ein besonderes Erlebnis. Ich streckte und reckte mich zur Mittagszeit gerade auf meiner Pritsche und stierte in die Glut, als wir in der Nähe der Koliba einen tiefen Hirschschrei vernahmen. Bergstock, Büchse, Ruf und Glas waren immer bei der Hand. So liefen Toni und ich den Pürschsteig zum südlich gelegenen Schlag entlang, um dem Hirsch den Wechsel abzuschneiden. Doch wir kamen zu spät! Der Hirsch war schon durchgezogen und meldete nun unter uns im Schlag mit einer mir unvergesslichen Stimme, die ohne Modulation in einem Ton wie das Brausen einer

Orgel klang. Ich habe nie in meinem langen Jägerleben eine ähnlich „schöne“ Hirschstimme gehört. Wir konnten gut verfolgen, wie er meldend über den Bach der Rusaia zog und im Gegenhang, der Buttka Rusei – der „Spitze der Rusaia“ –, einem steilen, zuckerhutähnlichen Berg, der sich mitten im Rusaia-Tal erhob, emporzog, um sich dann in den Latschenfeldern des „Berges des Menschen“, dem Vurful Omului, zu verlieren. Ich hatte weder vorher noch habe ich später das Schulbeispiel eines suchenden „Wanderhirsches“ so handgreiflich erlebt!

Und dann gab es noch eine aufregende Chance in dieser Brunft, als ich ganz nahe am Wunsch meiner Träume war. Das kam so:

Eines Nachts wachten wir alle auf, als ganz in der Nähe unserer Hütte im Hochwald ein Hirsch mit voller Lautstärke orgelte. Er war vorerst im Ziehen, aber dann kamen seine Rufe von einer Stelle einige hundert Meter über der Koliba. Offensichtlich hatte er Kahlwild dabei, sonst hätte er sich nicht eingestellt.

Neben der Koliba führte eine Lawinenspur zu Tal. Der Hang des Käferberges und des Dealu Katuri waren nämlich so steil, dass da Lawinen vom Rücken bis zum Rusaia-Bach im Tal hinuntergingen und breite Schneisen in den Urwald der steilen Lehnen geschnitten hatten. Eine breite Todesspur führte auch neben unserer Koliba zu Tal. Auf dieser freien Fläche stellte sich der um Mitternacht angekommene Hirsch mit seinem Rudel – oder seinem einzigen brunftigen Tier – ein.

Es war ein wundervoller Vollmond, der in dieser Märchennacht die Karpatenwälder mit seinem silbernen Licht beleuchtete. Mit Toni pürschte ich vorsichtig bergauf in die Nähe des Hirsches. An den Randfichten legten wir uns flach auf die Bäuche, das Wild war keine hundertfünfzig Schritt im silbernen Vollmondlicht steil über uns auf der Kahlfläche. Man konnte den Hirsch und seine zwei Tiere schemenhaft sehen.

Aber ich wollte noch nicht schießen. Ich wollte abwarten, bis es Büchsenlicht wurde, ich eine sichere Kugel dem Beherrscher der Karpatenwälder antragen konnte. Und dann wurde es heller. Als ich schießen konnte, verschwieg und verschwand der Hirsch. Dann meldete er, als das volle Büchsenlicht kam, schon hoch oben im Schonwald. Die Bühne war leer!

So verlor ich meinen Karpatenhirsch, auf den ich die beste Gelegenheit gehabt hatte! Diese einmalige Chance ist nie wiedergekommen.

Nach der zweiten Brunftwoche stellte sich ein Platzhirsch in dem unteren Teil des Schlages des Dealu Katuri ganz in der Nähe des Rusaia-Baches ein. Wir hatten ihn der Stimme nach bestätigt. Da der untere Teil dieses Kahlschlages schon älter und sehr verfilzt war, hatte man vom Boden aus keine Einsicht. Wir bauten also einen Hochsitz. Unnötig zu sagen, wir sahen nichts von dem Hirsch, obwohl ich auch zwei Nächte dort verbrachte! Eines Morgens sah ich endlich zwei Stück Wild. Aber es entpuppte sich als Rehwild, eine Ricke mit Kitz. Das war das einzige Wild, das wir in den drei Wochen unseres Karpatenaufenthaltes deutlich zu Gesicht bekamen, außer einigen Auerhähnen, die mit lautem Gepolter und Flügelrauschen gelegentlich vor uns abstrichen.

Nach fast drei Wochen Karpatenbrunft musste ich mich geschlagen geben. Die Karpatenhirsche hatten mich besiegt!

Meine Partner hatten besser abgeschnitten. Einer meiner Freunde erlegte im Gagi-Bach einen pechschwarzen Bären und dazu noch einen starken alten Achtender. Der andere schoss einen guten Bären im Smeul-Bach, mein Bruder war leider nicht zu Schuss gekommen, da er nur einmal die Chance hatte, an einen riesigen, silbergrauen Hirsch heranzukommen, der aber durch einen gefallenen Urwaldriesen gedeckt war.

So erlegten wir nur zwei Bären und zwei Hirsche in dieser Brunft; denn nach meiner Abfahrt hatte einer unserer Partner im Rusaia-Tal noch einen schwachen Hirsch bekommen.

In Bistritz an der Bahnstation trafen wir Baron Gábor von Prónay, einen der besten damaligen Hirschkenner Ungarns, der in einem südlich von uns gelegenen Revier gejagt hatte. Im Gepäckwagen zeigte er uns seinen Hirsch, einen guten Vierzehnender. Er gab das Geweih direkt an den Präparator in Budapest auf. Niemand hat es jemals wiedergesehen, es kam nie in Budapest an, es wurde gestohlen. Es war seiner Zeit vorangegangen wie so vieles Liebe, das sich zwei Jahre später auch im Nichts verlor: alle meine lieben Trophäen, Photos und Jagdtagebücher. Nichts blieb übrig als die Erinnerung. Doch das Leben geht auch so weiter!

Im Speisewagen nach Budapest gab es auf der Karte: Hirschpörkölt! Das ist der einzige Hirsch gewesen, mit dem ich nach drei Wochen Pürsch in der Brunftzeit 1942 zusammentraf!

Im tiefen Bergwinter

Es war Winterende und ich, der Jüngling in der niedrigsten Anfangsstation seiner hoffentlich steil emporschnellenden Karriere mit den kühnsten Erwartungen für das bevorstehende Leben, verwelkte in einem Büro in Budapest. Ich hatte ihn auch damals schon nicht gern – den Schreibtisch im Büro. Umso lieber aber das Gewehr und alles, was damit verbunden war: das freie Leben in Wald und Feld! Ich war aber schon glücklicherweise Mitpächter eines Karpatenrevieres. Das musste man doch ausnutzen! Wie gesagt, es war Winterende, auch hier in Budapest sternklare, kalte Nächte, zunehmender Mond und eine Grippewelle, wie sie in solchen Zeiten zu grassieren pflegt. Ich hatte Sehnsucht nach dem Wolf der Karpaten, und da mich die Grippe auch „erwischte", benötigte ich schnellstens Luftwechsel!

Da unten im Quellgebiet der Szamos, in Rodna, war der Schnee höher als knietief, oben in den Bergen noch viel tiefer. Dort reichte er bis zur Hüfte. Doch dahin musste man nicht emporsteigen; denn der Luderplatz war im Szamos-Tal eingerichtet, an einer Stelle, die man von Mariental – unserem Hauptquartier – in einer Stunde erreichen konnte.

Dort hatten unsere Jäger den alten, toten Gaul ausgelegt, auch die beiden Köter hingezerrt, die sie beim Hetzen eines Rottieres erwischt hatten, als sie es ins Szamos-Tal hinuntertrieben. Und mit Haut und Haaren im Backofen geröstete Katzenkadaver kamen noch hinzu, angeblich Leckerbissen mit besonderer Anziehungskraft.

Der Luderplatz lag im Haupttal, dort, wo die langen Täler der Maria mare und Arenul-Bäche einmünden. Es sollte hier ein uralter Fernwechsel vorbeiführen, in jedem Fall lenkten aber auch die Täler das Raubwild dort vorbei. Der Luderplatz wurde schon seit Menschengedenken allwinterlich beschickt, viele Wölfe sind seitdem hier in die jenseitigen Jagdgründe befördert worden. Der Platz war hauptsächlich nur für die Jagd auf Wölfe geeignet; den Bären musste man in abgeschiedenen, stillen Seitentälern in der Nähe seines Einstandes an das Luder kirren.

Zum Ansitzen gab es auch eine Luderhütte, die warm und bequem war. Sie lag etwa dreißig Schritt in nördlicher Richtung vom Luder, so dass man bei Mondschein Gegenlicht hatte, sich dadurch die Konturen des Wildes besser abhoben. Die Hütte war zur Hälfte in den ausgehöhlten, steilen Bergrücken hineingebaut, besaß doppelte Wände, deren Zwischenräume mit Sägespänen ausgefüllt waren, zwei schmale, längliche Fenster, die man auf Lederscharnieren geräuschlos herabkippen konnte. Sie bot Platz für zwei Mann auf einer Sitzbank und einer Pritsche und war dick mit Fichtenreisern gepolstert. So konnte man es auch bei grimmigster Kälte aushalten.

Die Wölfe hatten das Luder in den vergangenen Wochen drei-, viermal angenommen – in langen Abständen. Der Wolf kommt nämlich nie regelmäßig zum Luder wie der angekirrte Petz. Die Urwälder der Karpaten sind weit, endlos, die Wölfe ziehen und wechseln viele, viele Kilometer weit und sind nicht an das Luder zu gewöhnen, auch nicht mit den feinsten Leckerbissen, Pferdekeulen und gerösteten Katzen! Hier ist die einzige Jagdart, von der man sich eine blasse Hoffnung auf Erfolg versprechen kann: das Ansitzen! Man muss warten, Nacht für Nacht, muss unbegrenzt Sitzfleisch haben und „Gut Glück – sonst nichts“, nach dem Wahlspruch des Feldherrn Zrinyi, der sich mit den Türken herumgeschlagen hatte.

Ich werde mir schon den Wolf verdienen! Eine Woche sollte doch genügen. So viel Luftveränderung hatte ich nämlich für diese „gesegnete“ Grippe vorgesehen. Es gab auch sternfunkelnde Nächte, die beim zunehmenden Mond taghell waren, tiefen Schnee und nachts grimmige Kälte um minus 20° C.

Die erste Nacht saß ich von nachmittags um sechs bis morgens um sechs Uhr. Volle zwölf Stunden. Das Ansitzen ist nicht für mich geschaffen, insbesondere nicht der Daueransitz, das wie angenagelte, stundenlange Sitzen auf einem Platz, und ganz besonders nicht dieser Marathonsitz, noch dazu im geschlossenen Raum. Auch damals schon hasste ich die Ansitzerei, aber was tut man nicht alles eines Wolfes wegen?

Am zweiten Abend dasselbe Programm. Bis etwa Mitternacht passierte überhaupt nichts. Ich musste nur meine Fensterchen vom anfrierenden Dunst freihalten, um etwas sehen zu können, und versuchte, meine steifen, schmerzenden Gliedmaßen mit immer häufigerem Sitzwechsel aufzulockern.

Plötzlich rutschte wie ein dunkler Strich ein Schatten von links in das Sichtfeld meines kleinen Fensters! Mein Herz stand einen Augenblick still! Doch wohl nicht? Aber nein! Für einen Wolf zu niedrig, mit langer Lunte: Fuchs! Doch kein „irgendwelcher“ Fuchs: ein Karpatenfuchs! Mit dichtem, seidigem Pelz, eine Zierde auf einem schönen Frauenhals! Die Wölfe störte ja der eine Schuss nicht. Ich werde nicht hinausgehen, um ihn zu holen, keine frische Menschenwittrung hinterlassen. Und ansonsten, der Teufel soll den Wolf holen! Bautz! – donnerte die engschießende alte Zwölferflinte, und Reineke legte sich in den Schnee. Die 4-Millimeter-Wolfsschrote hatten sein Leben beendet.

Die Zeit schleppte sich dahin, die Stunden rannen langsam. Hoffentlich dämmerte es bald, und ich werde aus dem verdammten Loch befreit! Der Mond war längst untergegangen, doch der Schnee leuchtete. Dann kam wieder etwas. Aber ein kleines Tier und nicht mit flachem Rutschen, sondern kurzen, marderartigen Sprüngen. Ein Baummarder! Der wohnt nämlich hier in den Bergen und Wäldern. Ich hatte noch nie einen geschossen. Aber für ihn wäre das dicke Viererschrot wirklich allzu grob! Zum Glück hatte ich in der linken Jackentasche einige Patronen mit Dreimillimeterschrot. Wie gut, wenn man für alle Fälle gerüstet ist! Bis ich die Patronen getauscht und das Fenster geöffnet hatte, war mein Marder in der Bauchhöhle des Pferdes verschwunden. Ich griff zur

Stablampe, nur die konnte noch helfen. Ja, dort, die Seher blitzten auf! Ich versuchte irgendwie zu zielen, doch eher hielt ich nur gefühlsmäßig in die Richtung. Auf den Schuss verlöschten die Seher. Aber es war kein Marder – ein Iltis! Ein schöner, starker Iltis, mit langen, glänzendschwarzen Kronenhaaren und darunter durchschimmernden dichten, fahlen Daunen. Es langte nicht für einen schönen Damenkragen. Doch fünfundzwanzig Jahre später ließ meine Tochter eine Mütze aus seinem Pelz fertigen. Die ist jetzt modisch und wird bewundert.

Die dritte Nacht. Etwa um Mitternacht putzte ich die Fenster von dem angefrorenen Dunst frei, als durch die jetzt offene Fensterluke irgendein dem Heulen ähnlicher Ton an mein Ohr schlug! Doch nur sehr verschwommen, er kam von weither. Ich öffnete die Tür ein wenig und lauschte durch den schmalen Spalt hinaus in die stille Winternacht. Auuuuu... stöhnte in diese verzauberte Welt jetzt der Ruf der Wildnis. Er drang aus dem gegenüberliegenden Hang zu mir. Auuuuu! ... war die Antwort darauf aus dem Hang über mir. Die Wölfe meldeten von hier und da, verständigten sich, hielten so die Linie beim Jagen, vier, fünf Stück könnten es sein. Kalt lief es mir den Rücken hinunter. Die uralte, atavistische Furcht des Menschentieres packte mich im Herzen.

Doch leider entfernte sich das Heulen. Dann hörte ich kurz abgehackte, kläffende Laute weiter unten in beiden Lehnen. Die Wölfe kamen beiderseits zum Bachbett herab. Sie hetzten jetzt! Sie trieben die beiden Lehnen. Einer von ihnen musste an ein Stück Wild gekommen sein, das hetzten und verfolgten sie jetzt.

Der Rest der Nacht verstrich im Schneckentempo. Es passierte überhaupt nichts mehr. Die Wölfe waren schon satt, brauchten kein Pferde- und Hundefleisch.

Anderntags pilgerten wir das Bachtal hinan und fanden auch in Kürze die nächtliche Beute der Wölfe. Es war Rotwild, ein Hirsch! Kein schwaches Kalb oder abgekommenes Schmaltier, die gab es dort überhaupt nicht, sondern ein Hirsch im besten Alter, stark im Wildbret mit einem starken, jedoch nur achtendigen Geweih. Auch diesen Hirsch hatten sie niedergerissen, nachdem sie ihn im tiefen

Schnee ermüdet hatten. Ich glaube nicht daran, dass die Wölfe das Schalenwild selektieren und dieses in den Karpaten deswegen so stark wäre! Das schwache oder kranke Jungwild geht im grimmigen Winter sowieso ein. Nur das Gesunde bleibt am Leben. Aber auch dieses reißen die Wölfe, sie überwältigen sogar den stärksten Hirsch, vielleicht nur den urigen Keiler nicht. Aber gemäß der Ordnung in der Natur regulieren sie die Wildbestände, lassen sie nicht anwachsen. Es bleibt nur wenig am Leben. Dies ist jedoch stark und kann auch starke Geweihe schieben!

Der größte Teil des Hirsches wurde von den Wölfen nicht aufgefressen. Wir hofften, dass sie nun zu ihrem eigenen Riss eher zurückkommen würden als zum Luderplatz.

Wir bauten einen Ansitzplatz aus Ästen, aus vielen Fichtenzweigen ein weiches, riesiges Nest mit einer kleinen Öffnung. Es war ein feiner Ansitzplatz, jedoch ein kalter, kein so warmer wie die Luderhütte. Doch ich setzte mich pflichtgemäß nachmittags um sechs Uhr an und saß die ganze Nacht durch, auch die zwei folgenden Nächte. Ich wäre in diesen bitterkalten Winternächten erfroren, wenn mich die „Suba", der dicke, schwere Schafspelz des ungarischen Hirtenvolkes, die ich von unten aus der Ebene mitgebracht hatte, nicht gewärmt und beschützt hätte.

Die Suba (auf ungarisch sprich „Schuba") wird aus gegerbten langhaarigen Schafsdecken zusammengenäht und kann beiderseitig getragen werden: mit dem Leder oder dem Pelz nach außen. Sie ist der ständige Begleiter der Pusztahirten, sie „wohnen" sozusagen darin. Meine war lang und weit, ich konnte sie zweimal um mich wickeln, und war so schwer, dass man darunter nur sitzen oder liegen konnte, nicht jedoch gehen. Sie war aber warm wie ein Backofen!

In diesen dicken Pelz eingewickelt, saß ich also noch drei lange Nächte durch. Ich hatte mich bis dahin nie so um ein Wild geschunden, auch seitdem nicht mehr. Die Wölfe waren aber nicht gekommen.

Doch inzwischen gab es als Ersatz dafür andere Jägerfreuden. Die dortigen rumänischen Gebirgsjäger waren Meister im Abfährten. Einsame Spitze! Sie verstanden sich so aufs Abspüren wie vielleicht keine anderen Söhne europäischer Jägervölker. Ihre Winterbeschäftigung, ihr Brotverdienst, war das Spüren und Bejagen von Marder und Sau.

Zwei Jäger folgten nach jeder Neuen der frischen Spur des Marders (Baummarder waren häufig in diesen endlosen Wäldern). Es ging Schluchten hinab und steile Lehnen hinauf. Sie wateten im tiefen Schnee, benutzten bei nassem Schnee aber Schneereifen. Skier kannten die dortigen Gebirgler überhaupt nicht. Ich glaube, dass sie im Urwald auch schlecht zu benutzen gewesen wären. Wenn die Jäger den Marder nach einem halben Tagesmarsch eingekreist hatten, so hatten sie großes Glück. Wenn der Schnee es gestattete, folgten sie derselben Spur oft mehrere Tage lang, übernachteten am Lagerfeuer im Wald, dort, wo sie vom Abend überrascht wurden, nahmen am nächsten Tag die Spur wieder auf und rätselten so lange an den sich oft verwickelnden oder verschwindenden Spuren, bis sie den Marder endlich erreicht hatten. Sie fällten auch die Fichte mit der Höhle, in der der Marder steckte, was zählte dort ein Baum mehr oder weniger? Der Marder brachte gutes Geld, ein Winterbalg damals den Kaufpreis einer Milchkuh. Ich versuchte es auch an einem Tag mitzuhalten, gab es aber schnell auf. In Kürze war meine Passion verraucht, es war meinen damals flinken Beinen, meinem Herzen und meiner Lunge zu viel!

Wenn jedoch die Abspürer auf frische Sauenfährten stießen, die Schwarzkittel auch einkreisen konnten, so wurden flugs die waffentragenden Männer und Treiber mit Hunden alarmiert. Doch Sauen waren selten in den hohen Bergen im harten Klima beim lange andauernden Winter mit hoher Schneelage. In den Fichtenwäldern gab es wenig Fraß, aber viele Wölfe, die sie zehnteten. Wenn aber die Jagd erfolgreich war, Sauen gestreckt wurden, folgte ein großes Fest.

An einem schönen, sonnigen Vormittag kam die Nachricht, dass Sauen, eine gemischte Rotte, auf dem Glodului-Berg fest seien. Das war in der Nähe von Mariental. Schnell kamen außer mir vier Jäger zusammen; zwei von ihnen trugen vorsintflutliche

Hahnenflinten, zwei von ihnen nur die obligatorische Axt sowie drei am Bindfaden angebundene Hunde. „In der Nähe“ bedeutete hier zwei Stunden schweißtreibenden Aufstiegs im tiefen Schnee. Endlich erreichte ich den für mich vorgesehenen Stand. Ich stand diesseits auf halber Lehne, vor mir ein ziemlich breites Wiesental, darüber der sehr steil ansteigende Gegenhang, oben die Fichtendickung mit den Sauen darin. Die Gegenlehne war nur schütter mit Büschen bestanden, ein Resultat der unbändigen Schafweide. Ich konnte sie gut einsehen. Leider war sie sehr weit, aber sie bot ein großes Schussfeld. Ich konnte den ganzen Gegenhang beschießen und natürlich auch die Talsohle, durch die und neben meinem diesseitigen Stand die tiefe, gewundene Furche im Schnee führte, der Einwechsel der Rotte an diesem Morgen. Das war ein Stand mit guten Chancen; im tiefen Schnee kamen die Sauen schlecht vorwärts, wenn sie aus ihrem Kessel gesprengt wurden, und nahmen dann vielleicht gerne wieder ihren Einwechsel an.

Dann endlich hörte ich die Rufe der Treiber. Dann ganz oben auf dem Kamm das Kläffen eines Hundes, vermischt mit dem aufgeregten Standlaut der übrigen Hunde, das laute Gejohle der Treiber. Aus der schneeverhangenen Dickung hallten dumpf zwei Schüsse, dann setzte sich das Gekläff der Hunde in meine Richtung in Bewegung! Die Sauen kamen! Und dann sah ich sie in „Schlangenlinie“ den Gegenhang in gleicher, mittlerer Höhe wechseln. Drei dicke Kästen, zwei, drei schwächere und eine Anzahl von Überläufern. Hinter ihnen bemühten sich die kurzläufigen Hunde kläffend, ihnen im tiefen Schnee zu folgen. Aber es war sehr, sehr weit. Wenn sie auf halber Distanz wären, wäre es genau richtig.

Durch das Zielfernrohr hielt ich gut vor die eine starke Sau. Der Regel nach sollte man die schwächeren Stücke beschießen, aber es war schrecklich weit. Die Überläufer waren nur ganz winzig. Ich schoss ja auch nicht auf eine die Rotte führende Bache. Doch alles flüchtete weiter. Den zweiten Schuss hielt ich noch viel weiter vor. Die Kugel warf die Sau zu Boden. Sie kam auf den Rücken zu liegen, alle vier Läufe steil gen Himmel, so rutschte sie in einer großen Schneewolke, nein, sie sauste hundert Meter in die Talsohle hinunter. Doch ich sah dieses grandiose Schauspiel nur aus meinem Augenwinkel, denn ich streute die weiteren drei Kugeln des Magazins auf die anderen Stücke, die zwischen den Büschen hochflüchtig mal hier, mal dort auftauchten. Ein Überläufer sonderte sich ab, schob sich unter einen Busch und verendete. Außer Atem vor Aufregung, kramte ich nach neuen Patronen in den Taschen, das Magazin war leer. Aber dann waren die Sauen auch schon außer Schussweite, es hätte keinen Sinn mehr gehabt, sie noch zu beschießen.

Dann sah ich, dass die starke Sau unter mir in der Talsohle auf die Läufe zu kommen versuchte. Sie stand schon auf der Vorderhand und kam ins Ziehen. Aber vor dem Erreichen der nächsten Deckung konnte ich sie endgültig in den Schnee legen.

Doch der Segen war noch nicht zu Ende! Der eine Hund brachte mir von irgendwoher noch einen Überläufer! Er hetzte ihn in der tiefen Schneefurche des Einwechsels direkt auf mich zu. Ich schoss dem Stück, als es mich passierte, auf einige Schritt die Kugel aufs Blatt.

Dann kamen die Treiber. Sie zogen auch eine Sau herunter. Die hatten die Hunde in der Dickung gestellt. Sie wurde höchstwahrscheinlich mit gehacktem Blei oder Hufeisennägeln in den Sauenhimmel befördert.

Wir legten Strecke, fachten ein gewaltiges Feuer an. Es herrschte allgemein eitel Freude; morgen würde es ein Riesenfest unten im Dorf geben!

In der Nacht nach diesem Jagdtag hatte ich dann noch ein Wolfserlebnis. Es kam völlig unerwartet, wie es mit Wölfen meistens der Fall ist.

Ich hatte fest vor, auch die siebente, die letzte Nacht am Luderplatz zu verbringen, doch hielt ich es nur einige Stunden aus. Um zehn Uhr herum hatte ich genug, ich streikte, ich war endgültig erschöpft. Ich schleppte mich ins Tal zu einem zwischen Fichtenwäldern liegenden Gehöft. Dort überwinterte mein Freund Juon mit seiner Schafherde. Ich hatte schon früher bei ihm übernachtet. Die Schafe befanden sich in einem von starken, hohen Latten umgebenen Schafspferch, bewacht von drei riesigen, zottigen Hunden. Die ließen mich nicht in die Nähe, doch Juon befahl sie zurück.

Drinnen gab es schwere Luft, viele Flöhe – aber es war schön warm! Ich zog nur Stiefel und Jacke aus, warf mich auf die Pritsche und war sogleich in tiefen Schlaf versunken.

Im ersten, tiefsten Schlaf hörte ich im Unterbewusstsein einen höllischen Hundelärm. Dann sah ich wie im Traum im Zimmer vor dem kleinen, vierteiligen Fenster, durch das der Mond taghell hereinschien, den im weißen Hemd und langer Unterhose mit Händen und Füßen gestikulierenden Juon wie ein Gespenst.

Vielleicht träumte ich wirklich, da Juon mit seinem gebrochenen rumänisch-ungarischen Kauderwelsch immer nur wiederholte: „Domnule – Herr – wie ein Huhn"! Solchen Blödsinn kann man nur träumen! Was soll denn das heißen: „wie ein Huhn"? Das hat ja überhaupt keinen Sinn. Ich träume ja, welch ein Irrsinn, Juon, geh doch zum Teufel, lass mich schlafen, ich will schlafen, verstehst du denn nicht?

Doch dann sprang Juon zu mir, schüttelte mich und schrie außer Fassung: „Domnule, lup, lup, wie ein Fohlen so groß", Letzteres auf ungarisch. Das war also das „Huhn", er hatte die ungarischen Worte verwechselt! Wenn er nur schon vorher „lup" – auf Rumänisch „Wolf" – gesagt hätte, so wäre ich bestimmt sofort hellwach geworden.

Jetzt wurde ich wach, doch es war zu spät! Bis ich mit der Fernrohrbüchse zum Fenster sprang, stand der Wolf unmittelbar vor dem Waldschatten, aber noch vom Vollmond hell beleuchtet. Er stand breit, auf beste Büchsenschussweite! Wirklich so hoch „wie ein Huhn" – besser gesagt, ein Fohlen. Doch bis ich das Fenster geöffnet hatte, um ihm die Kugel antragen zu können, verschwand er im Schatten – für mich auf Nimmerwiedersehen!

Aus seiner Decke wurde weder ein Wolfspelz noch ein Fußsack für lange Schlittenfahrten mit Schellengeläut in froststarrenden Winternächten. Schlittenfahrten sind längst nicht mehr in Gebrauch und Mode. Auch sie gehören der Vergangenheit an!

Karpatenböcke

Es ist fünfzig Jahre her, als ich an einem schönen Augustmorgen bei den Strahlen des aufsteigenden Sonnenballes meinen ersten Rehbock erlegte. Seitdem habe ich viele Böcke erbeutet. Der grüne Bruch zierte nach erfolgreicher Pürsch oft meinen Hut. In den Jugendjahren, im ersten Teil meines Jägerlebens, habe ich bis zum fünfundzwanzigsten Lebensjahr, als ich „im fünfzehnten Feld“ stand, etwas über hundert Rehböcke erlegt. Aber nicht – obwohl wir in der Ebene zu Hause waren und die meisten von ihnen im Felde oder in den Wiesen des Bruchgeländes östlich des Neusiedler Sees in West-Ungarn standen – „am Fließband“, wie es heute in Ungarn bei „Jagdtouristen“ immer mehr in Mode kommt.

Das war in der „alten Zeit“ nicht so, auch bei den Jagdherren nicht, denen genügend große Reviere zur Verfügung standen. Erstens gab es damals keine Geländewagen, man fuhr im pferdebespannten Pürschwagen. Es schickte sich nicht, mehr als zwei Böcke bei einer Fahrt zu erlegen. So habe ich damals kaum ein Dutzend Böcke beim Pürschenfahren erbeutet, die meisten auch unter solchen Umständen, dass ich mich an die Erlegung eines jeden meiner Böcke genau erinnern kann.

Es ist deshalb auch verständlich, dass mir die Umstände der Erlegung meiner wenigen Karpatenböcke immer noch ganz besonders gegenwärtig sind. Denn diese waren doch „besondere Böcke“ im Vergleich zu denen im Flachland.

In den Hochkarpaten, insbesondere in den zusammenhängenden endlosen Fichtenwäldern der Hochlagen und der nördlichen Hänge, aber auch oberhalb der Baumgrenze gab es nur sehr wenig Rehwild. Es wächst da kaum Äsung für Rehwild, die Winter sind lang und rau mit hoher Schneelage, Wolf und Luchs, aber auch im Sommer die streunenden Schäferhunde, nehmen einen gewaltigen Zoll aus den Beständen. In den unteren Lagen unseres Reviers, den weiten Tälern und Bachläufen mit gemischten Fichten- und Laubwäldern, mit Schlägen und eingesprengten Lichtungen, Wiesen mit saftigem Graswuchs, gab es trotz des Raubwildes jedoch mehr Rehwild, da ihm hier der Lebensraum und die Äsungsverhältnisse mehr zusagten. Aber dennoch bei weitem nicht „viel" Rehwild, was ein Jäger des Flachlandes oder eines westeuropäischen Rehwildrevieres darunter versteht.

Es herrschen dort besondere jagdliche Verhältnisse und Möglichkeiten, die man kennen muss, um zum Erfolg zu kommen. Vom Beginn des Graswuchses Anfang Mai bis zur Heuernte wächst auf den wenigen Waldwiesen das schönste, saftigste und nahrhafteste Gebirgs-Wiesengras, das man sich nur vorstellen kann! Der Monat Juni, ich nehme an, auch in anderen höhergelegenen Karpatenrevieren, ist die hohe Zeit der Jagd auf den Bock. Die blühende Wiese ist dann wie ein bunter Blumenteppich, darin der rote Bock, ein unvergesslicher Anblick. Hier zieht sich das Rehwild in diesen Wochen zusammen. Nach dem Schnitt weiden Schafe und Rinder auf den Flächen, es ist dann mit der Herrlichkeit für die Rehe vorbei.

Obwohl das Karpatenwild mehr Tagwild ist als das Wild unserer Kulturreviere, ist es dennoch viel heimlicher, unsteter und hält kaum feste Wechsel. Es ist deshalb eine bekannte Tatsache für die Karpatenjagd, dass man dort ein Stück Wild nur einmal sieht und nie wieder, und handle es sich nur um einen Rehbock auf der saftigen Waldwiese!

Zum anderen verhält sich das Rehwild auch nach dem Austreten und beim Äsen ganz anders als bei uns. Unsere Rehe treten vor Sonnenuntergang fast zur gleichen Uhrzeit regelmäßig auf Wiese, Luzerne- oder Kleefeld am Waldrand aus, sie beginnen nach kurzem Sichern zu äsen. Sie senken das Haupt in die wohlschmeckende Äsung, heben es höchstens, wenn der Äser voll des saftigen Grüns ist, und blicken vertraut um sich.

Ganz anders verhält sich ein Karpatenreh! Es ist sich der allgegenwärtigen Gefahr bewusst, die durch das Raubwild in jeder Ecke und in jeder Sekunde lauert. Es wechselt unregelmäßig mal da, mal dort und nicht zu bestimmten, sondern zu ganz verschiedenen Tageszeiten.

All dies macht ja den besonderen Zauber der Bockjagd in den Ostkarpaten aus. Kein Wunder, dass ich mich an meine dortigen Böcke nach so langer Zeit immer noch deutlich erinnern kann.

Wie stark sind nun die Gehörne dieser Gespenster- und Urwaldböcke? Leider, allbekannter- und doch unverständlicherweise wie in allen Hochwildrevieren, wohin man auch kommt, nicht besonders stark! Obwohl sie hier in den unteren Lagen im Winter Knospenäsung und in allen Schlägen in südlichen Lehnen grüne Brombeerblätter, die nahrhafteste und eiweißhaltigste Winteräsung für wiederkäuendes Schalenwild haben. Im Frühjahr und Sommer wächst gutes Gras auf den Waldwiesen und Almen, dennoch sind wirklich starke Böcke eine Seltenheit. Wie bekanntlich überall, sogar in Rehwildbeständen minderer Qualität, taucht auch hier unerwartet ein Kapitaler auf. In der kurzen Zeit unseres dortigen Jagens haben meine Partner und ich etwa zwei Dutzend Böcke erlegt, ein Kapitaler war jedoch nicht dabei, keiner von uns hat einen gesehen. Es ist aber eigenartig, dass die dortigen Hirsche unter den gleichen Äsungs- und Lebensbedingungen bekanntlich besonders stark sind und öfters Kapitalgeweihe schieben; nicht aber die Böcke.

Es gibt dennoch nicht wenige wirkliche Kapitalböcke in Siebenbürgen! Diese Böcke sind meistens in den niedrigeren Lagen der Mittelgebirge und des Hügellandes mit milderem Klima und überwiegend gemischten Wald-Feld-Revieren zu finden. Da gibt es kein Großraubwild, aber auch kein oder allenfalls wenig Hochwild. Wie überall nach meiner Erfahrung, steht eben dort das starke Rehwild! Die Gründe dafür sind noch unbekannt, zumindest nicht eindeutig geklärt.

Im Frühsommer 1943, zur besten Bockjagdzeit im Karpatenrevier, wechselte ich in Budapest meine Stellung. Bislang war ich

Rechtsreferendar bei den Rechtsanwälten einer halbstaatlichen Großfirma gewesen. Nun bot sich mir zufällig die günstige Gelegenheit, als Rechtsreferendar der „Adjutant" eines der angesehensten Rechtsanwälte zu werden, der sich ausschließlich mit Steuersachen befasste. Er gab mir gleich zu Anfang ein Gehalt, wie ich es nie wieder in meinem späteren Leben erreichte. Wir schlossen einen Arbeitsvertrag, in dem mir alljährlich vier Wochen Urlaub, und zwar im September/Oktober (mit besonderer Rücksicht auf die Hirschbrunft), zustanden.

Ich genehmigte mir beim Stellungswechsel natürlich einen vierzehntägigen Jagdurlaub im Juli im Karpatenrevier. Zur Hirschbrunft hatte ich mir den Großurlaub ausbedungen.

Es war die erste Julihälfte, die Rehbrunft hatte überhaupt noch nicht begonnen. Die Böcke gingen alleine und wurden durch das wunderbar saftige Gras der erst später gemähten Waldwiesen magnetisch angezogen. Dort hatte man eine gute Chance, auf einen alten Schlaumeier zu Schuss zu kommen, später, in der Blattzeit kaum mehr, weil die Waldwiesen dann gemäht waren, die Rehbrunft sich im Hochwald und auf übermannshohen, verfilzten Schlägen abspielte.

In diesen zehn Tagen, die ich damals pürschend und ansitzend an den Waldwiesen verbrachte, habe ich einen sehr braven Bock geschossen. Und das kam so:

Jäger Michail Ambrose zeigte mir im steilen Rücken des Kreuzberges – Dossul Cruci – eine verschwiegene Wiese inmitten von düsteren, rauschenden Urfichten, die nur so groß war, dass man sie mit der Büchse gut bestreichen konnte. Er sagte auch, dass hier ein guter Bock ginge. Hier „roch" es richtig nach einem alten Einzelgänger-Bock!

Nach mehreren vergeblichen Ansitzen kam er endlich eines Abends. Die Sonne war schon längst hinter dem Kuhhorn-Massiv im Westen untergegangen, es war schummerig, als rechter Hand von mir aus dem tiefen Schatten des Hochwaldes ein leuchtend rotes, starkes Reh in die Wiese hinauszog. Der Figur nach ein reifer, alter Bock, ein „Mannsbock" des Rehvolkes, das war unverkennbar. Er trug ein hohes, dunkles, gut verecktes Gehörn, eine wahrhaftige Krone.

Mich packte das Jagdfieber wie einen Anfänger, der auf seinen ersten Bock schießen soll! Ich strich am Stamm der Fichte, hinter der ich stand, an, schoss hinüber zum Bock, der auf eine Entfernung von etwa hundertfünfzig Schritt brettelbreit auf der Wiese stand. Ich hatte im Schuss gemuckt. Die Kugel ging ins Blaue, der Bock nahm überhaupt keine Notiz vom Knall in der Stille des Abendwaldes. Ich versuchte, so lautlos wie möglich zu repetieren, der Bock war noch da, ich zitternd vor Aufregung. Natürlich ging auch der zweite Schuss daneben. Nun machte der Bock doch schon einige Sätze und verhoffte unschlüssig. Inzwischen hatte ich wieder repetiert und schoss auch mit der dritten Kugel vorbei. Der Bock schien unverwundbar zu sein wie der mythologische Achilles! Offensichtlich glaubte er, wie das Karpatenwild so oft, dass der Knall der Schüsse Donnerschläge oder das Getöse umstürzender Urwaldriesen wären. Jedenfalls erlaubte er mir ein drittes Repetieren, die vierte Kugel verirrte sich dann endlich auf sein Blatt, er sank verendet in den knietiefen Grasteppich.

Ich brach ihn auf und verwitterte ihn nach allen Regeln der Karpatenjäger und photographierte ihn dann am nächsten Morgen bei Sonnenaufgang auf dem Geländer des Heuschobers mitten in der Wiese. Es war ein sehr braver Bock, reif und stark, aber nicht kapital. Das ist aber eigentlich nicht wichtig! Der Trophäe konnte ich mich nur kurze Zeit erfreuen; sie wurde vom Kriegsgeschehen verschlungen, doch die Erinnerung an diesen Ansitz in den Karpatenbergen blieb unauslöschbar.

Ich habe nur deswegen keinen zweiten Bock bei diesem Ausflug geschossen, weil ich wieder nach allen Regeln der Kunst vorbeischoss!

An einem wundervollen, sonnenbeschienenen Sommermorgen pürschte ich den Bach der Maria Mare – dem Großen Marienbach – entlang, wo es saftige Wiesen gab. Und siehe da: Mitten auf der Wiese eines nach Osten geneigten Hanges stand ein roter Bock mit zackiger, hoher Wehr. Die Morgensonne schien auf seine knallrote

Decke. Es war wie ein kitschiges Gemälde: der rote Bock im Blumenteppich, umrahmt von dunklen Fichten.

Es war ziemlich steil hangauf, da ich im Bachbett stand. Ich strich am nächsten Stamm an und funkte hinauf. „Berg auf, halt drauf – bergunter, halt drunter!", besagt der alte Alpen-Jägerspruch, der aber lange vor dem Zeitalter der Hochrasanzgeschosse entstanden und gültig war.

Jedenfalls weiß ich nicht, wohin ich auf den etwa 150 Schritt steil bergaufwärts stehenden Bock hielt. Er blieb wie festgewurzelt stehen und äugte in die Runde. Dann erlaubte er mir noch ein Repetieren und einen zweiten Schuss ins Blaue, bevor er auf Nimmerwiedersehen im Wald verschwand.

In der Brunft 1943 schoss ich zwei Böcke – doch deren Geschichte gehört ins nächste Kapitel. Was jedoch noch hierher gehört, ist meine letzte Bockjagd im Mai des Schicksalsjahres 1944, als ich danach die „ewigen Jagdgründe" auf lange Zeit nicht mehr und das geliebte Revier zum letzten Mal sah.

Der erste Bock: Hochbeglückt kamen wir mit dem erlegten Spielhahn vom Dealu Rossu, dem Roten Berg, durch den Schlag des Dealu Negru, des Schwarzen Berges, auf dem diesen entlangführenden Pürschsteig zu Tal. Es war schon um die Mittagszeit des dritten Maitages.

Beim Aufstieg hatten wir am Vortage in der Nähe der Lichtung, auf der die Jagdkoliba stand, in der mein Freund und Partner in der vorjährigen Brunft hauste und einen Bären und alten Achterhirsch erlegt hatte, mehrere Plätzstellen eines Rehbockes gefunden. Wie schön es doch wäre, diesen Bock erlegen zu können. Er würde sicherlich irgendwann auf die kleine Wiese, auf der die Koliba stand, austreten! Doch war diese Stelle von meinem derzeitigen Hauptquartier in Mariental zu Fuß drei volle Stunden entfernt. Man müsste schon in diese Koliba übersiedeln, um den Bock bejagen zu können, und das war er doch vermutlich nicht wert.

Ich wurde jedoch aller weiteren Überlegungen enthoben. Denn kaum waren wir zweihundert Schritt weit den steilen Hang im Buchenhochwald unterhalb der Hütte heruntergestiegen, als ein im

Gebäude starkes, doch noch im grauen Winterhaar befindliches Reh mit großem weißen Spiegel vor uns absprang und mit hohen, abgehackten Sprüngen schräg links zögernd hangabwärts flüchtete. Genauso wie ein Reh, das nicht ganz genau weiß, wer die Störung verursachte.

Die Büchse glitt von der linken Schulter. Am Bergstock angestrichen, erwartete ich das Verhoffen. Diesmal hatte ich Glück, denn der Bock verhoffte tatsächlich auf etwa hundertzwanzig Schritt unter uns, und zwar so, dass sein Vorschlag ganz frei links von dem Stamm einer alten Buche herauslugte. Ein kurzer Blick durchs Zielfernrohr – stark im Gebäude, über Lauscher hoch –, und schon krachte es, der Bock blieb mit der Kugel auf dem Trägeransatz verendet liegen.

Es war ein mittelalter, doch im Gehörn schwacher Sechserbock – aber seine Erlegung einer der sehr seltenen Fälle im Karpatenrevier, dass ein Stück Wild dem Jäger zufällig in die Büchse läuft!

In den letzten Tagen meines Karpatenaufenthaltes wohnte ich im Hauptquartier in Marienthal, von wo aus der Glodului-Berg mit einer Reihe von Waldwiesen leicht zu erreichen war. Hier gab es in den verhältnismäßig niedrigen Lagen auch ziemlich viel Rehwild.

Der erste Streich war wieder ein Fiasko. Eines Morgens pürschte ich hangaufwärts von einer Wiese zur anderen und war eben in der Mitte einer großen Lichtung, als steil über mir, auf etwa 250 Schritt Entfernung, ein mittlerer Sechserbock aus dem Hochwald trat. Ich hatte keine Möglichkeit, von der Bildfläche zu verschwinden, ich legte mich flach auf den Bauch. Der Bock war sehr, sehr weit, ganz winzig im Fadenkreuz des Zielfernrohres, doch näher heranzukommen war ausgeschlossen. So entschloss ich mich zum Schuss, auf dem Bauch liegend, steil hinauf. Es knallte, ein gewaltiger, schmerzhafter Schlag auf den Nasenrücken, der Bock sprang schimpfend mit zwei Sätzen kerngesund in den Hochwald. Ich aber hinterließ sogleich eine große Schweißlache am „Anschuss“. Ich hatte vom scharfen Rand des Zielfernrohres eine halbmondförmige, tiefe Wunde auf Stirn und Nasenrücken, deren Schweißerguss ich kaum besänftigen konnte. Auch heute trage ich sie noch als Zeichen dafür, dass ich auch in den „Clan" der Zielfernrohrschützen gehöre.

Am Anschuss weder Schweiß noch Schnitthaar, der Bock war glatt vorbeigeschossen. Doch als ich im Hochwald einen Bogen schlug, fand ich, dass in der Nordlehne unter den Fichten noch immer eine zusammenhängende Schneedecke lag. Die frische Fährte des Bockes war im Schmelzschnee klar zu sehen, da sie sich von den älteren Rehfährten deutlich abhob. Warum denn nicht versuchen, einen Rehbock auf der Fährte nachgehend im Schnee zu erlegen? Wohl eine seltene, einmalige Gelegenheit! Ich versuchte es auch, konnte seiner Fährte ungefähr einen Kilometer im Schnee folgen, dann kam er in ein Seitental und auf eine Südlehne, wo kaum mehr Schnee unter den Bäumen lag. Es zeigte sich ein Fährtengewirr, ich musste diese wohl besondere Rehjagd aufgeben.

Am nächsten Morgen, es war der fünfte Mai, pürschte ich wieder die Wiesen des Glodului hangaufwärts. Als ich an der Waldgrenze zur Alm kam, ohne einen Rehbock gesehen zu haben, schien die aufgehende Sonne mir, der ich einen schmalen Holzabfuhrweg hangaufwärts pürschte, gerade ins Gesicht. Ich war keine sechzig Schritt mehr von der Almwiese entfernt, die sich dort in den Hochwald einbuchtete.

Bergauf kann man ganz leise pürschen. Ich schlich auch auf „Katzensohlen", als ich am Ende des Abfuhrweges am Rand der Wiese im Gegenlicht einer Bewegung gewahr wurde. Glas an den Kopf: Eine Ricke zog am Waldrand von rechts nach links über die Wiese. Durch die Randbäume hatte ich zwischen den Stämmen auch hie und da eine Durchsicht rechts vom Weg auf die Wiese.

Mit dem Glas leuchtete ich diese Lücken in der Wiese ab, und siehe da, ich entdeckte den von zwei Stämmen halb verdeckten Körper eines starken Rehes, das auf beste Büchsenschussweite schräg von mir abgewandt stand. Vorerst war das Haupt noch verdeckt, aber der Figur nach musste es ein Bock im Mannesalter sein.

Dann, bei einer Bewegung des Hauptes, erhaschte ich auch einen Blick aufs Gehörn: Sechser, weit ausgelegt, ellenlang! Am Zielstock angestrichen, setzte ich dem Bock die schwere Kugel hinter die Rippen. Er brach im Feuer zusammen und war verendet, als ich an ihn herantrat.

Das Gehörn maß 30 Zentimeter, das höchste, das mir jemals zu Gesicht kam, war gut vereckt, jedoch ziemlich dünn, hell und ungeperlt. Das Gehörn habe ich auch verloren. Es war der letzte Schuss, den ich im heißgeliebten Karpatenrevier tat!

Stille Brunft – doch es kommt der Tag

Hirschbrunft 1943

Die Hirschbrunft in den Ostkarpaten ist meistens ein höchst schwieriges Waidwerk. Wenn die Hirsche nicht schreien, so ist das Jagen fast aussichtslos. Im unendlichen Wäldermeer verliert sich das dünn gesäte Wild, es ist sinnlos und schädlich, wenn der allzu passionierte Jäger, den Hirsch aufs Geratewohl suchend, ohne die zum Abwarten nötige Geduld herumpürscht. Er verdirbt nur seine Chancen! Was soll er denn tun? Zeit lassen, abwarten – unter Zeitdruck soll man dort nicht jagen wollen!

Wann schreien die Hirsche? Zwischen dem 20. September und etwa 10. Oktober und wann sie Lust haben, den Äser aufzumachen! Seit fast fünfzig Jahren stelle ich mit Besessenheit Brunfthirschen nach. Doch habe ich in dieser „kurzen“ Zeit in den verschiedensten Brunftrevieren nur eine sichere Erfahrung gesammelt: Die Hirsche schreien, wann sie wollen! Sie schreien gut oder überhaupt nicht – bei der verschiedensten Witterung. „Den Bock verwirrt die Sonnenglut – den Hirsch die kühle Nacht!“ – ein schöner alter Jägerspruch, doch hat er nun mal einen Schönheitsfehler: Er stimmt einfach nicht! Hierfür war die Brunft 1943 in unserem Ostkarpatenrevier ein Musterbeispiel.

Am 19. September verteilten wir fünf Jagdpartner uns in den Brunftrevieren, die wir für dieses Jahr aus dem verwitterten Jägerhut gezogen hatten. Ich hatte diesmal weniger Glück als im Vorjahr; denn ich kam in einen Revierteil, in dem wohl als Hauptbrunftplatz ein großer Schlag über einem Bachbett lag, sich ringsherum große Waldungen bis hinauf zur Baumgrenze an den

Südhängen des „Berges des Menschen“ befanden. Hier hatte im Vorjahr mein Vetter einen guten Bären, aber mangels Brunftbetriebes keinen Hirsch erlegt.

Mein vorjähriges Revier, die wilde Rusaia, bejagte für diese Brunft Herbert Nadler, der „Punktevater“, der sich nach meinen vorjährigen Erfahrungen dort sehr viel versprach. Offensichtlich glaubte er, ich hätte als „Karpaten-Grünhorn“ alles falsch gemacht.

Zwei Tage vor unserer Ankunft gab es Regentage. Im Herzen des Reviers, am „Kreuzberg“, hätten zwei Hirsche schon gemeldet. Jetzt, nach dem Regen, würden die Tage der Hochbrunft kommen.

Am ersten Abend schoss ich einen Rehbock. Wir wohnten mit meinem sehr sympathischen Jagdbegleiter Juon Mihályi in einer großen, bequemen Holzfäller-Koliba am Bachbett, die an der Ecke des Schlages lag. Von hier mussten wir es hören, wenn ein Hirsch in den dort mündenden Tälern und in den darüberliegenden Hängen den Äser auftat. Ein Pürschsteig führte unten am Schlag entlang, von wo aus man mehrere „Stützpunkte“ zum Verhören hatte, ohne das Wild im Schlag zu vergrämen.

Wir saßen an einem Buckel, von wo aus wir gute Sicht auf mehrere Blößen und kleine Lichtungen auf den sich vor uns steil erhebenden wirren Schlag hatten. Stille ringsum. Ich entschloss mich kurzerhand zum Schuss, als ein im Wildkörper starker, fahler Rehbock mit gedrungenem Hals zwischen dem Gewirr auf gute Schussweite auftauchte. Das Gehörn schien kurz, war aber vor dem schlechten Hintergrund im Zwielicht schwer anzusprechen. „Doch der Spatz in der Hand!“ So schoss ich und traf ihn auf den Halsansatz. Unnötig zu sagen, dass er ein zweijähriges Sechserböckchen war, den der „Kulturjäger“ gerne wieder zum Leben erweckt hätte, dessen Wildbret, in den Rauch des Kolibafeuers gehängt und davon Filets mit Zwiebeln in der Pfanne über dem Feuer gebraten, den „Urjägern“ köstlich mundete.

Bei zwei Tagen Schönwetter, das zur Brunft bestens geeignet schien, gab es keinen Ton weit und breit. Dann, zur Zeit der Sonnenwende, kamen drei Regentage, Schnürlregen mit Gewittern abwechselnd. Wir verhörten an verschiedenen „Stützpunkten“ des weitläufigen Revierteils, hörten keinen Ton, fanden aber vereinzelt im weichen Boden frische Rotwildfährten.

Bei Sturm und Gewitter, als die Blitze zuckten und der Donner in der Bergwildnis grollte, hundertfünfzigjährige Baumriesen um uns mit großem Getöse wie Zahnstocher brachen, stellten wir uns mit Juon unter den Schutz des Schirmes einer Fichte. Als wir hinkamen, zog er unauffällig seinen schwarzen, großkrempigen Hut und machte mit der Schneide der Axt das Zeichen des Kreuzes auf den Stamm.

Auf die Frage, ob wir einen Hirsch strecken würden, sagte er: „Gott wird uns einen geben, wir sind gute Menschen!"

Nach sechs Tagen, nachdem die Regenperiode aufgehört hatte, es sich aufklärte, jedoch kein Hirsch den Äser weit und breit auftat und es auch kein Anzeichen der Brunft gab, gaben wir es vorläufig in diesem Revierteil auf. Das riesige Revier war ja übergroß für fünf Jäger, Platz war genug da zum Versuchen.

So weit es ging, hielten wir Kontakt miteinander durch Boten. Nur bei unserem Vater, der als unser Gast in dem sechsten, südlichsten Revierteil pürschte, hatte ein Hirsch geschrien. Er kam auch an ihn heran, es war auch ein starker, reifer, doch die Kugel verschlug sich auf kurze Distanz im Gewirr des Schlages. Sonst war es überall totenstill, keiner war zu Schuss gekommen. Von Nadler in der Rusaia wussten wir nichts, er war einen Tagesmarsch entfernt. Aber bei meinem Freund und Nachbarn im Zentralrevier, am Kreuzberg, fährtete sich viel Rotwild. Er lud mich ein, in seinem östlichen Revierteil zu pürschen, wohin er sowieso nie kam, weil er in der Nähe seines Quartiers im Hauptrevierteil bessere Chancen zu haben wähnte.

So siedelten wir also hinüber in den Hang des nächsten Tales, des „Strajan", wo es auf einer Alm eine Sennhütte mit vier Pinzgauer Kühen, einer bildhübschen rumänischen Sennerin mit einem lieben kleinen Jungen gab, der tagelang im Gras sitzend liebevoll seine Flöte blies. Es gab in der Nähe einige Steilhänge mit älterem, im Hange aber teilweise noch einsichtigem Jungwuchs, ziemlich vielen Rotwildfährten, einigen guten „Stützpunkten" –

Felsen und Graten –, alles in allem ein vielversprechendes, typisches Karpaten-Brunftrevier.

Wir schrieben den 26. September. Die Brunft musste endlich einsetzen! Es kamen zehn klare, sonnige, warme Tage, die Nächte still und sternenklar, doch trocken, kaum ein Tautropfen. Die Hirsche sollten jetzt doch schreien! Doch vorerst tat keiner im weiten Karpatenrevier den Äser auf.

Wir schliefen im duftenden Heu des Dachbodens des Stalles, aßen Speck mit Eiern und Zwiebeln und gebratene Forellen, die Juon mit Angel und Wurm, meistens aber mit der bloßen Hand aus den schmalen und seichten Gebirgsbächen herausfischte.

Eine Woche lang saß ich im „Strajan“ an den verschiedenen „Stützpunkten“. Viel tat sich nicht. Es standen frische Fährten – auch ab und zu die eines einzelnen starken Hirsches immer da, wo wir eben nicht waren. Denn wir beobachteten natürlich getrennt, oft auch auf „Tuchfühlung“, dass mich Juon heranwinken konnte, falls er etwas sehen sollte. Doch nur einmal traf er mit einem angeblich guten, aber stummen Kronenhirsch und zwei Tieren zufällig zusammen, gerade da war ich außer Reichweite! Bis er mich heranholte, war der Spuk weg.

Dann, am vierten Tag in diesem Revier und am elften in dieser Brunft, zum ersten Mal in zwei Karpatenbrunften, sah ich das erste Rotwild! Weit, weit im Hang über mir, in einer Fehlstelle des Jungwuchses entdeckte ich ein Kalb. Dann kamen auch seine Mutter und der „Kavalier“ zum Vorschein. Es war allerdings ein sehr junger, ein Eissprossenzehnerlein. Alles erweckte eher den Eindruck eines Familien- statt eines Brunftidylls.

Als Belohnung schoss ich aber dann einen Bock dort, einen reifen Sechser mit enggestellten und gut vereckten Stangen. Eines Morgens saß ich an einem der Ausluge, als im Gegenhang zwischen den Büschen ein Bock mit hohem und gut vereckten Gehörn breit zog, sich ab und an zeigend. Als er auf eine Schluppe kam, verhoffte er nach meinem Fieplaut. Die Büchse war an den Bergstock angestrichen, schon brach der Schuss, als das Fadenkreuz auf dem Blatt stand. Der Bock zeichnete vorschriftsmäßig, torkelte einige

Büsche hinunter und lag verendet da, wo er verschwunden war, als wir dann den Hang zu ihm hinaufstiegen.

Nach zwei Wochen Jagd hatte ich also zwei Böcke zur Strecke gebracht, einen einzigen Hirsch gesehen und keinen Ton gehört. Meine Partner hatten noch schlechter abgeschnitten: Nirgends, in keinem Revierteil, brunfteten die Hirsche, nur mein benachbarter Freund am Kreuzberg hatte einen verkrüppelten Abschusshirsch erlegt.

Alle, außer meinem Bruder, waren der Jägerei müde. Ihre Zeit war abgelaufen, sie räumten geschlagen das Feld. Von „Onkel" Herbert Nadler erreichte mich ein Brief. Er war abgereist, nachdem er in der Rusaia, wo ich im Vorjahr die gute Brunft erlebt hatte, in zwölf Tagen keinen Schrei vernommen und kein Rotwild zu Gesicht bekommen hatte, aber doch einen Bären am Luder erlegen konnte.

Laut unserer Vereinbarung konnte ein freigewordenes Revier vom anderen Partner bejagt werden. Nun hatte ich grünes Licht: Ich musste in die Rusaia, das Wunschtraum-Revier meines Jägerherzens! Ich brach mit Juon mit Rucksack, Büchse und Verpflegung für drei Tage am zweiten Oktobertag in die Rusaia auf!

Bei wundervollem Sonnenschein erreichten wir schwitzend die Wasserscheide der Lopagna zwischen den Flüssen Szamos und Goldene Bistritz. Hier machten wir Mittagsrast und verzehrten den köstlich mundenden Schafskäse mit Zwiebeln mit dem in Fladen gebackenen rumänischen Brot aus Kukuruzmehl. Dann klommen wir in die Latschenregion des „Berges des Menschen" hinauf, bis wir an den schon halb verwachsenen und verfallenen „Kriegsweg" gelangten, der in den schweren Kämpfen im Jahre 1915/16 zu den auf der Bergspitze gelegenen Stellungen führte. Wir hatten den Plan, an diesem Abend und am nächsten Morgen hier über der Baumgrenze zu verhören. Es könnte wohl sein, dass es in der Latschenregion einen Brunftbetrieb gäbe oder wir einem Bären begegneten, der sich jetzt zur Zeit der Preiselbeerenernte hier aufhielte. Wir übernachteten in einer Schäferstina auf den Almen über der Baumgrenze. Es war aber weder nachts noch frühmorgens ein Ton zu vernehmen, obwohl wir von hier oben die tiefen, dunklen Schluchten der Fichtenwälder des Rusaia-Beckens „einhören“ konnten. Wir wurden jedoch durch den wundervollen Fernblick entschädigt. Ein dunkler Bergrücken hinter dem anderen, jeder in der Ferne blauer werdend bis ins Endlose, wir blickten dem Norden zu in die Marmarosch, dem Osten zu in die Bukowina hinein. Ist die Welt Gottes doch schön!

Doch jagdlich hatten wir anscheinend auch hier oben nichts zu suchen. Wir beschlossen also, in die neue Koliba am Rusaia-Bach hinunterzusteigen. Wir hatten sie – nach meinen schlechten Erfahrungen des Vorjahres mit der in der Nähe der Schläge gelegenen Koliba – heuer ganz unten im Bachbett bauen lassen. Dies störte das Wild bestimmt nicht, doch hatte sie den Nachteil, dass man zu jeder Pürsch und für jeden Ansitz die dachartig steilen Hänge hinaufsteigen musste. Nadler hatte hier gehaust, keinen Brunftbetrieb erlebt. Ob die Hirsche jetzt schreien würden? Es war nachts klar und auch warm. Am 3. Oktober war es so warm, dass ich in 1 000 m Höhe im – allerdings eiskalten – Rusaia-Bach bei wärmstem Sonnenschein baden konnte.

Als wir morgens gegen acht Uhr bei strahlendem Sonnenschein im Fichtenhochwald einen zum Rusaia-Bachbett abfallenden Grat – der nun unsere Reviergrenze bildete – hinabstiegen, meldete vom nächsten Rücken aus dem Nachbarrevier in der schattigen Kühle des Hochwaldes ein Hirsch mit rauer Stimme! Dann „sprach“ ein anderer vom übernächsten Rücken. Es entwickelte sich eine – allerdings langweilige – Zwiesprache. Ich aber lauschte andächtig mit gezogenem Hut dem ersten Hirschruf in den Karpaten, und dies am dritten Oktober, nach vierzehntägigem Jagen!

Am frühen Nachmittag schon erklommen wir die schrecklich steile Holzrinne, in der die gefällten Stämme mit hinzugeleitetem Wasser ins Haupttal befördert wurden, zu den Schlägen, in denen ich im Vorjahr gejagt hatte, und verhörten bis zur Dunkelheit an zwei verschiedenen „Stützpunkten“. Hier herrschte aber Totenstille. Ich sah nur zwei abreitende Auerhähne, einen majestätisch kreisenden Steinadler und zwei Kolkraben.

Der Morgen des 4. Oktober brachte Kälte und schwere Regenwolken mit Nordwind. Kommt jetzt der Herbst, und werden die Hirsche endlich röhren? Doch alles blieb still.

Bei Morgengrauen pürschte ich wieder die steile Holzrinne im Schlag hinan, als ich im Hochwald in unmittelbarer Nähe – keine hundert Schritt entfernt – einen ganz leisen, tiefen Brummer vernahm. Ich wusste, da war ein Windbruch, undurchdringlich, ein Angehen ausgeschlossen. Aber es war nahe am Schlag, von weiter oben hatte ich gute Einsicht auf einen großen Teil des Hochwaldrandes. Vielleicht hatte ich endlich einmal Glück, und er tat mir den Gefallen auszutreten. Vier Stunden lang wartete ich – vergebens. Der Hirsch meldete nochmals, ganz leise. Auf mein zaghaftes Anfragen reagierte er überhaupt nicht.

Am späten Vormittag pürschten wir dann ins Hauptbachbett hinunter, wo am Ende der vorjährigen Brunft ein Hirsch gestanden hatte, den wir vergeblich versucht hatten, zu Gesicht zu bekommen. Auch heuer war der Hirsch da, wahrscheinlich derselbe! Wir fanden mehrere Schlagstellen, sogar mit Brunftgeruch, fanden Trittsiegel von zwei Tieren und von einem starken Hirsch. Zur Mittagszeit hörten wir ihn dann zweimal leise im Gegenhang über dem Rusaia-Bachbett im Hochwald melden. Darum nahm ich meine Beine unter die Achseln und pürschte den Hang hinauf. Doch der Hirsch verschwieg, antwortete auch nicht auf mein Anfragen. Ich musste mich wieder, wie so oft, geschlagen geben.

Abends wieder am Stützpunkt im Schlag, Totenstille. Sind denn diese Karpatenhirsche Gespenster? Der Morgen des 5. Oktober war mein letzter Tag in der Rusaia. Ich hatte mit meinem Bruder verabredet, dass wir uns beim Bauernhof am Kreuzberg treffen – von wo unser Freund auch schon abgezogen war –, um dort die allerletzten Tage gemeinsam zu jagen. Ich habe die Jagerei fast schon satt, aber wenn man fünfundzwanzig Jahre alt ist, ein Karpatenrevier hat und: „Der Jäger unverdrossen ...“

Es ist kalt geworden, obwohl die Sonne vom klaren, blauen Firmament scheint. Ich will auf den Hochsitz im Schlag gehen, wo im Vorjahr unser Ross beim Anmarsch gestürzt ist und die schreienden Hirsche für die ganze Brunft vergrämte. Juon möchte aber im Bachbett noch einige Forellen fangen und dann nachkommen. Die Sonne steht schon hoch oben, es ist acht Uhr morgens, als unter mir in der Schlucht oder im Hochwald des Gegenhanges ein Hirsch gut zu melden beginnt. Der Stimme nach kann ich nicht genau feststellen, wo er steht. Es geht sehr steil abwärts, und ich bin eben erst heraufgestiegen! Doch wenn ein Hirsch schreit, dann muss ich hin zu ihm, auch heute noch mit 61 Jahren und schlechtem Herzen. Eben will ich's anpacken, als Juon kommt. Er hatte den Hirsch vom Bachbett aus schon gehört, er steht in der gegenüberliegenden Steillehne im Hochwald. Und er sagt: „Domnu Doktor, was kann man denn mit einem Hirsch im Hochwald anfangen?"

Nach diesen Worten wurde es auch mir angehendem Karpaten-Hirschjäger offensichtlich, im Hochwald, in den zerklüfteten, zerrissenen Hängen mit ständig küselndem Wind ist einem Hirsch nicht beizukommen!

Nachdem ich zu dieser Einsicht gekommen war, gab ich kurz entschlossen das Zeichen zum Aufbruch. Wir stiegen über die Wasserscheide wieder zurück ins Quellgebiet der Szamos. Ich wusste damals nicht, dass es das letzte Mal sein würde, dass ich einen Hirsch in der Rusaia gehört hatte.

Sechs Tage, bis zum 12. Oktober, jagten wir dann noch mit meinem Bruder im „Kreuzberg". Die „Jäger unverdrossen" behielten recht: Endlich kam auch der Tag des Hirschjägers! Unser Waidmannsheil reichte jedoch nicht aus für einen guten Karpatenhirsch.

Es waren anstrengende Jagdtage, denn ich musste sie zwischen den Hirschen und dem Bären-Luderplatz teilen. Es lag nämlich zwischen den beiden Schauplätzen eine Entfernung von acht Kilometern und ein Höhenunterschied von mindestens fünfhundert Metern. Mein Erfolg auf den „Bären" ist im Kapitel „Bärenansitz" zu lesen.

Stockdunkle Nacht umfing uns noch, als wir, vom Luderplatz im entfernten Tal kommend, in dessen Nähe wir auf dem Dachboden eines Gehöftes übernachtet hatten, lange vor Tagesgrauen des 6. Oktober beim über Winter unbewohnten Bergbauernhof ankamen. Der Hof lag für das Jagen sehr günstig; denn oberhalb und westlich von ihm dehnten sich die weiten, verfilzten Dickungen auf der Südlehne des Facia Crucii – des „Gesichtes des Kreuzberges". Hier vermuteten wir die Brunftplätze. Wir nahmen an, dass die Tageseinstände des Wildes sich in den steilen, mit schattigem Hochwald bedeckten Nord- und Westlehnen, dem „Dossul Crucii", also im Rücken des Kreuzberges, befänden.

Vom scharfen Steigen keuchend und schwitzend angekommen, fanden wir meinen Bruder vor der Hütte beim Verhören auf seinen langen Bergstock gestützt. Wir hatten uns seit fast drei langen Wochen der Jagerei nicht gesehen. Zur Begrüßung sagte er nur lakonisch in den Schlag hinauf deutend: „Es schreit der Hirsch!" Tatsächlich meldete der Hirsch noch sehr sparsam, immer nur einen Trenzer mit tiefer, klangvoller Stimme ausstoßend, weit oben unter dem Grat zwischen „Gesicht" und „Rücken" des Kreuzberges. Mir war das Revier vollständig unbekannt, nicht aber meinem Bruder, der in der vorjährigen Brunft hier gepürscht hatte. Dort oben auf dem Grat, wo jetzt der Hirsch meldete, hatte er im Vorjahr im Dämmerlicht einen riesigen, eselsgrauen Hirsch am Wechsel vorgehabt; doch der Hirsch war sehr verdeckt, er riskierte keine Kugel. Wenn dies derselbe Hirsch wäre, so würde er die Mühe des Aufstiegs bestimmt lohnen.

Unsere beiden Waldläufer kannten sich hier auch bestens aus und schlugen uns vor, dass wir getrennt auf beiden Seiten des Kessels, solange der Wind des Morgens nach unten strich, hinaufpürschen sollten. Wenn es uns nicht gelingen sollte, den Hirsch im Kessel des Schlages zu Gesicht zu bekommen, so könnte es immer noch klappen, dass einer von uns ihm den Wechsel am Grat hinunter in den Hochwald abschneiden könnte.

Das Los entschied: Ich sollte die Westseite hinauf. Es folgte wieder fast eine Stunde Steigens überriegelt hinter einem Seitenrücken im Schlag. Es ging eine fast mauerartig steile Holzrinne hinan. Es war ein kalter, sternenklarer Morgen, so wie ihn sich die Jäger als idealen Brunftmorgen nach menschlichem Ermessen vorstellen. Doch wir hörten keinen Ton. Vielleicht hatte der Hirsch auch drüben im Kessel gemeldet, doch wir waren vom Seitenrücken überriegelt und hörten ihn nicht.

In der entsprechenden Höhe angekommen, wo der Hirsch nachts gemeldet hatte, pürschten wir nunmehr aufs Geratewohl bei der ersten Morgendämmerung in den Kessel hinein, um einen passenden Auslug zu finden.

Solch ein Karpatenschlag ist ein schier unvorstellbares Gewirr von gestürzten Baumstämmen und deren Wurzelwerk, Jungwuchs und Brombeergerank. Auf Wildwechseln, auf denen viele frische Fährten standen, schlichen wir mit Juon wie die Luchse voran. Plötzlich gewahrte ich steil über uns in nächster Nähe auf kaum zwanzig Schritt Entfernung Spiegel und die auffallend dunkle Hinterpartie eines Stückes Rotwild. Dem starken Wildkörper nach musste es ein Hirsch sein! Doch von Haupt und Vorderpartie sah ich vorläufig nichts. Den nichtsahnenden Juon hinter mir drückte ich lautlos zwischen die Brombeerranken, dann glitt die entsicherte Büchse von der Schulter.

Das Stück zog den Hang hinauf und wurde sichtbar: ein Alttier! Ja, gibt es denn so etwas, ein so starkes Tier alleine, da, wo der Hirsch bei Dunkelheit gemeldet hatte? Doch es kam kein Hirsch hinter dem Tier aus dem Gewirr des Schlages hervor! War der Hirsch vor uns mit seinem brunftigen Tier eingewechselt? Mein Bruder hatte weder etwas gesehen noch gehört.

Wir vertrösteten uns auf den Abend. Nach menschlichem Ermessen müsste doch der Hirsch mit seinem Rudel oder einem einzelnen Tier noch bei Büchsenlicht in den Kessel hinausziehen!

Doch es kam wieder anders.

Als ich schon am frühen Nachmittag mit Juon zu unserem Auslug im Kessel heranpürschte, gewahrte ich in der gegenüberliegenden Lehne ein bedeutend schwächeres Tier als das am Morgen gesehene, also ein Schmaltier und dahinter noch ein anderes Stück, das sich als Spießer von etwa 30 cm Stangenlänge entpuppte. Offensichtlich war das Schmaltier auch nicht brunftig. Beide bummelten in der verfilzten Dickung hangabwärts.

Hinter ihnen konnte ich auch noch das Knacken und Brechen ziehenden Wildes vernehmen, das ich jedoch nicht in Anblick bekam. Sonst tat sich nichts weiter. Mein Bruder hatte weder etwas gesehen noch gehört.

Nach unserem Abendessen gingen wir noch vor das Haus zum Verhören. Es war ein klarer, kühler Abend. Der zunehmende Mond verbreitete ein helles, silbergraues Licht. Ganz in unserer Nähe im unteren, ziemlich kahlen Teil des Schlages, am Fuße eines sich hier aus dem Kahlschlag emportürmenden steilen Felsens, schrie ein Hirsch Schlag auf Schlag mit guter, rauer Stimme! Ein anderer, der sehnsüchtigen, langgezogenen Stimme nach offensichtlich sein Beihirsch, meldete hin- und herziehend in seiner Nähe. Das erste richtige Konzert in dieser Hirschbrunft!

Die Situation schien äußerst günstig für den kommenden Morgen: Einer von uns muss auf den Felsen, von wo er einen großen Teil des unteren Schlages einsehen und beschießen kann, der andere aber hinauf zum Kessel, um den Einwechsel verlegen zu können, sollte der Hirsch schon höher gezogen sein.

Frühmorgens weckte uns Juon mit der erfreulichen Nachricht, dass der Hirsch soeben gemeldet hätte, doch schon etwas höher im Schlag als gestern Abend.

Wir waren im Handumdrehen marschbereit, verlosten aber noch vorher. Ich zog den Felsen, mein Bruder den Einwechsel. Wem würde das Jagdglück zulächeln?

Doch schon vor Tagesgrauen verschwieg der Hirsch. Vom Felsen aus, der sich wie ein Predigtstuhl über den Kahlschlag erhob, hörten wir aber über den tiefen Taleinschnitt hinweg in dem Jungwuchs der gegenüberliegenden Lehne Brechen und dumpfes Aufschlagen von Schalen schweren Wildes.

Als dann allmählich Büchsenlicht wurde, gewahrten wir in kleinen Lücken des übermannshohen Jungwuchses zwei fahle Wildkörper, ein schwächeres Stück vorneweg und dahinter ein massig erscheinender, bulliger, doppelt so starker Wildkörper mit einem Widerrist fast wie dem eines Kamels. Der Hirsch trieb im Steilhang vollständig stumm sein brunftiges Stück! Mit kurzen, gleichmäßigen Sprüngen auf und ab so wie ein Rehbock. Dann, in einer Lücke, beschlug er sein Tier.

Ich habe ein langes Jägerleben hinter mir mit viel mehr als vierzig Hirschbrunften, deren Großteil in bestbesetzten Revieren Südungarns und der Donauauen, doch habe ich nie vorher noch nachher den Beschlag gesehen. Ausgerechnet aber in den Ostkarpaten, wo ich damals in zwei Brünften insgesamt zwei Hirsche in Anblick bekommen habe!

Und wie war das Geweih? Auf den ersten Blick eine Enttäuschung: Eissprossenzehner nur, nicht lang, auch nicht dick, aber vielleicht täuschte es im Vergleich zum gewaltigen Wildkörper! Der Hirsch musste zumindest mittelalt sein und in diesem Fall mit dem schlechten Geweih ein jagdbarer.

Also richtete ich mich zum Schuss, obwohl es höllisch weit war: sicherlich weit über dreihundert Schritt über den tiefen Taleinschnitt hinweg. Doch es gab keine andere Wahl, denn von einem Anpürschen in der steilen Lehne im hohen Gestrüpp konnte keine Rede sein. Ich hatte aber Vertrauen in meine Hochrasanz-Weitschussbüchse, legte mich auf den Bauch und baute auf dem Wurzelwerk einer Fichte aus meinem Mantel eine bequeme Auflage. So konnte es gehen! Ich muss fünfunddreißig Jahre später, als ich diese Geschichte schreibe, gestehen, dass es der weiteste Schuss meines Lebens gewesen ist! Aber stolz bin ich nicht auf ihn.

Als dann der Hirsch in einer kleinen Lücke breit stand, hielt ich noch eine Handbreit über seinen Rücken und ließ fliegen. Ein dumpfer Kugelschlag, der Hirsch brach zusammen und wälzte sich mit gewaltigem Gepolter in der Wirrnis des Hanges hinunter. Als er einen Augenblick frei war, schickte ich noch eine zweite Kugel hinüber, doch ohne Erfolg. Dann war Stille. Nach der obligaten Beruhigungszigarette erklommen wir den Gegenhang. Ich hätte es nicht geglaubt, aber Juon führte mich schnurstracks hinauf zum Hirsch, der mit zerschossenem Rückgrat hochzukommen versuchte! Ein schneller Fangschuss beendete sein Leben. Es war mein einziger Karpatenhirsch nach zwei beschwerlichen Brünften mit unsagbaren Strapazen, aber ich hätte ihn gerne wieder zum Leben erweckt: Es war ein junger Zukunftshirsch. Die gewaltigen Dimensionen seines Wildkörpers hatten mich genarrt.

Meine Lebensphilosophie des alternden Jägers sagt: „Am Schluss wechselt man sowieso in die ‚ewigen Jagdgründe' hinüber. Hoffentlich sind dies die Ostkarpaten, gleich, ob man im Leben ein sehr begehrtes Wild erbeutet hat oder nicht." Aber ich bedauere doch, dass ich in meinem Jägerleben nicht meinen „Lebenshirsch" in den Ostkarpaten habe strecken können.

Hahnenbalz im Urwald

Die beiden „großen Hahnen“, der Auerhahn und der Trapphahn, sind so verschieden wie Feuer und Wasser. Der eine lebt im Westen in den Fichtenwäldern der Hochgebirge, im Osten und Norden im schier unendlichen Meer der Sumpfwälder, der andere nur in der deckungslosen, tischflachen Ebene, wo der Blick bis zum Horizont reicht. Vollständig verschieden ist nicht nur ihre Lebensweise, sondern außerdem natürlich auch ihre Ernährung und ihre Fortpflanzungsbiologie. Zwei Dinge nur haben sie gemeinsam: Beide sind Kulturflüchter. Dort, wo die moderne Forstwirtschaft Fuß fasst, sind die Tage des „Waldhahnes“, und dort, wo die urwüchsige Steppe in eine moderne Kulturöde verwandelt wurde, die des „Feldhahnes“ gezählt. Beide balzen im April-Mai, nur der eine in der Morgendämmerung vor Tagesanbruch, der andere, wenn die gleißende Mittagssonne über den Wiesen und Saaten die Luft zum Flimmern bringt.

Unter Trappen bin ich sozusagen aufgewachsen: in Westungarn zwischen den damals endlosen, grünen Wiesen des „Hanság“ östlich des Neusiedler Sees hart an der Grenze zum Burgenland. Im jugendlichen Jagddrang habe ich damals einige Hähne erlegt. Auch später hatte ich viel mit Trappen „zu tun“, doch habe ich keine mehr geschossen, sondern mich nur an ihrem wunderbaren Anblick erfreut. Heute sind sie, d.h. ihre letzten Reste, auch in Ungarn geschützt.

Aber von dem anderen, dem großen Hahn der großen Wälder, konnte ich als Flachlandjunge nur alles lesen, was mir erreichbar war – und von ihm träumen. Er schien uns da unten im Flachland so weit, so unerreichbar zu sein.

Bis wir dann in das Revier der Ostkarpaten kamen ...

Wir schrieben damals Ende April. Ich wollte einen Auerhahn erlegen, meinen ersten. Doch nicht nur „totschießen“, wenn man zum balzenden Hahn geführt wird, sondern ich wollte ihn mir redlich verdienen, ausmachen, mit Bedacht schauen, lernen, Erfahrungen sammeln. Schon damals machte mir die Jagerei nur so Spaß.

Theoretisch wusste ich viel vom Auerwild, von der Balz des großen Hahnes, vom Anspringen. Ich hatte auch schon damals gelernt, dass der Auerhahn der Ostkarpaten, der „wilde Truthahn“ der im Südosten Siebenbürgens ansässigen „Székler“, eines ungarischen Volksstammes, anders ist. Es unterscheidet sich auch seine Balz, seine Bejagung von der seines Bruders in den Alpen.

Ich hatte keine Lust, an einen der den örtlichen rumänischen Bauernjägern gut bekannten Balzplätze zu gehen, die verhältnismäßig leicht zu erreichen waren und wohin Gäste meistens geführt wurden. Es waren im Revier vier solche Balzplätze vorhanden, an jedem balzten alljährlich mehrere Hahnen. Es gab damals, wie auch sonst überall im Kranz der Wald-, Ost- und Südkarpaten Auerwild in Hülle und Fülle. Es soll bis heute noch nicht stark abgenommen haben.

Aber außer diesen vier Balzplätzen vermuteten wir noch den einen oder anderen in weiter entfernten Teilen des riesigen Reviers. Einen wollten wir ausfindig machen und – wenn möglich – einen Hahn von dort herunterbringen. Je größer die Mühe, umso größer die Freude am Erfolg!

Am Abend des Ankunfttages ging ich mit einem unserer rumänischen Jäger zum Schnepfenstrich in die Nähe meiner Unterkunft im Tal. Wir standen auf einem Rücken inmitten eines riesigen Schlages mit Buchen- und Fichtenjungwuchs. Nur ein einziger Schnepferich kam uns schaukelnden Fluges quorrend und puitzend entgegen – ein leichter Schuss. Er fiel steintot weit in die Lehne des dunklen Tales hinter uns hinab. Mein Begleiter Juon „apportierte“ ihn aus dem Wirrwarr von Ästen und Zweigen im Nu, was mein größtes Staunen erregte. Ihm ging es aber überhaupt nicht in den

Kopf, wie ein so kleiner Vogel – noch dazu im Fluge – überhaupt zu treffen ist.

Am nächsten Morgen zogen wir zu unserer ersten „Expedition“ in den weit entfernten Talkessel des Rusaia-Baches im Norden des fast 2 000 m hohen Vurful Omului, dem „Berg des Menschen“. Mit etwas Übertreibung darf ich den Ausflug wohl „Expedition“ nennen, denn wir waren vier Jäger, drei rumänische Jäger, Waldläufer im besten Sinne des Wortes, und ich. Unser Aufstieg dauerte einen geschlagenen Tag, bis wir die über der Waldgrenze in den Latschenfeldern und Weideflächen am Nordhang des Omului stehende „Stina“ erreichten. „Stina“ heißt überall in den Ostkarpaten der Platz, wo über Sommer die weidenden Schafe in einer Einfriedung aus Fichtenlatten übernachten. Daneben steht eine aus rohen Stämmen gezimmerte Hütte für Schäfer, Milch und Käse. Zwischen den Ritzen der Wände pfeift der Wind, das Dach aus Holzschindeln hat in der Mitte ein Loch, aus dem der Rauch des in der Mitte des Raumes brennenden Feuers abzieht, wenn ihn der Wind nicht in die Hütte zurückdrückt. Das tut er meistens.

Wir trugen die leichteste Last, dennoch war der lange Aufstieg beschwerlich: kurze Pürschjacke, eine Büchse, eine Flinte, Glas, Kamera, Verpflegung für vier Tage, hauptsächlich Kukuruzmehl zum Zubereiten der landesüblichen Speise, der „Puliska“, dazu einen Eisenkessel, Schafskäse, Speck und Obstschnaps. Decken wären schon Übergewicht gewesen, es brennt ja ständig das Feuer zum Wärmen. Jeder meiner Begleiter hatte die Axt dabei, ohne die geht dort keiner auch nur hinters Haus. Und dann noch Schneereifen, weil es unmöglich gewesen wäre, sich im tiefen, weichen Schnee fortzubewegen.

Am späten Nachmittag, als wir in der Nähe der „Stina“ ankamen, fing es an, in großen Flocken zu schneien. In aller Eile holten wir Fichtenzweige, um unsere Lagerstätten auf dem Lehmfußboden zu richten, und packten die Bude voll mit Brennholz. Dann kam die lange Winternacht über uns. Zwei Nächte und einen Tag lang steckten wir Fichtenäste und Scheite ins Feuer. Der Schneefall schloss uns ein. Der Schnee fiel aber auch drinnen durch das

Schornsteinloch, durch das nun der Rauch nicht hinauszog, der Wind trieb die Flocken durch die Ritzen der Wände. Es war warm neben dem Feuer, es war gut, in die Flammen zu starren.

Am Frühmorgen des dritten Tages hörte der Schneefall auf, wir waren aus unserem Kerker befreit.

Den Balzplatz der großen Hahnen muss der Jäger – zumindest in den Ostkarpaten – immer in nordwärts gelegenen, das heißt mit reinem Fichtenwald bestandenen Lehnen in den höchsten Regionen unter der Waldgrenze im alten, lückigen Hochwald suchen. Dies war auch der Grund, weshalb wir unser Quartier in der über der Waldzone gelegenen „Stina" aufschlugen und nicht in einer der weiter unten gelegenen Jagdhütten. Von hier aus brauchten wir nur in den Hochwald abzusteigen, wo wir dann in zwei Richtungen, etwa in gleicher Höhe bleibend, nach dem Balzplatz suchen konnten. Die Geläufe würden ihn schon verraten. Doch war auf die verharschte Altschneedecke nun ein halber Meter Neuschnee gefallen, in dem man sich nur auf Schneereifen mit großer Anstrengung fortbewegen konnte. Es war aber zwecklos, da im Neuschnee noch keine Zeichen zu finden waren.

Am Abend bezogen wir verschiedene Aussichtsplätze zum Verhören von eventuell einfallenden Hahnen, doch ohne Erfolg.

Unsere Verpflegung wurde knapp. Am Morgen des vierten Tages mussten wir ins Tal hinunter, ohne unser Ziel erreicht zu haben. Doch kam ich schließlich nicht als Schneider aus der Rusaia zurück. Kurz nach Tagesanbruch pürschte ich meinen Begleitern weit voraus und traf in den Latschenfeldern mit einem streunenden Fuchs zusammen. Ich hatte ihn früher weg, drückte mich an einen Latschenbusch, der Fuchs kam auf Schrotschussentfernung herangeschnürt. Obwohl der Kalender den 28. April zeigte, war sein Balg mit dichten und langen Grannenhaaren ausgezeichnet. Es war eine Fähe mit fünf Embryonen von Mausgröße in der Tracht. So viel später setzt hier oben der Frühling ein. Bei uns unten im Flachland beginnen zu dieser Zeit die Jungfüchse schon rot zu verfärben.

Doch vergeudete ich nicht viel Zeit in dem Jagdhaus unten im Haupttal. Ich schlief mich gut aus, am nächsten Tag ging's wieder an den Aufstieg zu den Hahnen! Diesmal war es nur ein halber Tagesmarsch mit zwei Jägern zur Holzfällerhütte unterhalb des Schutzwaldes in der Nordlehne des Glodului-Berges. Wir putzten die verlassene Hütte, wir schaufelten nur den Schnee aus ihr heraus, richteten unsere Betten aus Fichtenreisig, versorgten uns mit Brennholz, bald war in der Mitte des runden Raumes ein großes Feuer entfacht.

Noch am selben Nachmittag zogen wir auf Schneereifen los, um den Balzplatz, der hier in der Nähe sein musste, zu suchen. Diesmal lächelte uns die launische Jagdgöttin zu: Wir brauchten im hier hohen Schnee nicht allzu lange zu waten! Der Neuschnee lag schon seit zwei Tagen, er zeigte Fährten und Spuren. Geläufe vom Auerwild waren schon in der unmittelbaren Nähe der Hütte zu finden. Sie wurden in der Umgebung einer zwischen den vielen Windbrüchen des Fichtenhochwaldes gelegenen zimmergroßen Lichtung noch viel zahlreicher. Hier fanden wir die Zeichen der Balz: feine Rillen von den herabgelassenen Schwingen des balzenden Hahnes neben dem Geläuf.

Der große Hahn der Ostkarpaten balzt im Gegensatz zu seinen Artgenossen in den Alpen und den westlichen Karpaten der Slowakei fast nie auf dem Baum. Schon vor Dämmerungsbeginn reitet er vom Schlafbaum ab und beginnt sofort mit der Bodenbalz. Auch sein Balzlied ist anders. Er ist meistens kleiner, leichter als sein Vetter in den Alpen.

Er beginnt das Balzlied genauso mit Knappen, macht aber keinen Hauptschlag und geht unmittelbar zum Schleifen über. Dies dauert aber bei ihm, wenn er sich gut eingespielt hat, fast immer länger als die berühmten zwei Sprünge.

Die Würze, die Spannung beim Anspringen des Alpenhahnes, die besondere Eigenheit dieser Jagd, fehlt leider in den Ostkarpaten. Da er keinen Hauptschlag macht, ist der im Labyrinth der Windwürfe am Boden balzende Hahn nur selten anzuspringen. Man muss ihn vom Schirm aus erlegen. Doch sind ein vom versteckten Hinterhalt beim Ansitz erlegtes Stück Wild und dessen Trophäe – zumindest nach meinem persönlichen Geschmack –

stets von minderem Wert, als wenn sie auf der Pürsch nach allen Regeln der Kunst erbeutet wurden!

Am Rande der kleinen Lichtung, auf der wir die meisten Balzspuren fanden, bauten wir einen Schirm aus Fichtenästen. Der Waldrand gegenüber war kaum vierzig Gänge entfernt, der hier einfallende Hahn auf jeden Fall in Schrotschussnähe.

Es war unnötig, den Hahn abends zu verlosen, wir kannten ja seinen Balzplatz, und wir wollten nicht stören. So saß ich denn am nächsten Morgen noch bei völliger Dunkelheit allein im Schirm. Wenn auch vielleicht mit nichts anderem, aber damit glaube ich den Hahn doch verdient zu haben, als mit einem hundsgemeinen Frost in den Gliedern. Dieses Opfer fordert der Hahn dem Jäger allenfalls ab, diese ungemütliche Wartezeit vor Tagesgrauen. Ich war sorgfältig genug, die Flasche mit Schnaps greifbar hinzulegen. Den rechten Lauf meiner Flinte lud ich mit Schnepfenschrot: Wenn der Hahn nahe ist, schieße ich auf den Stingel, um sein Federkleid nicht mit grobem Schrot zu zerreißen.

Der Morgen dämmerte noch nicht, nur der Schnee leuchtete im Schein der Sterne vor der dunklen Fichtenkulisse. Dann ein Flügelschlagen, das Sausen der Luft durch die zum Einfallen herabgelassenen Schwingen, ein dumpfer Plumpser im weichen Schnee: Hinter mir war der erste Hahn eingefallen. Dann noch einer, kurze Zeit danach der dritte! Ich sehe keinen, obwohl sie ganz in meiner Nähe sind. Der eine spielt sich schon ein, dann knappt auch der zweite, auch höre ich das Gackern von Hennen. Sie kamen zum Balzplatz gelaufen, zu Fuß, bescheiden, nicht so laut und überheblich wie ihre Ritter im stahlglänzenden Federkleid!

Ein Hahn saust über mich hinweg, ich ziehe den Kopf unwillkürlich ein. Dann ein Plumpser vor mir: Er steht im Schnee auf der Lichtung, unbeweglich, sichernd. Ich sehe zunächst nur seine dunkle Figur. Lange sichert er unbeweglich mit emporgestrecktem, langem Hals. Dann sträubt er das Gefieder, spreizt den Fächer und reckt den Stingel noch höher. Kat! Einige Sekunden lang Stille. Dann wieder: Kat! Ganz leise, kaum hörbar. Kat – Kat! Nach einigen Sekunden: Kat-Kat, Kat-Kat! Jetzt spielt er sich schon ein! Plötzlich streckt er den Kopf noch höher, der Hals wird noch länger, er beginnt mit dem Schleifen. Erst kaum hörbar dieses leise, zischende Lied.

In dieser Umgebung und Stille, in der Einsamkeit der Bergwildnis, im ersten Dämmern im Urwald, wirkt alles ganz seltsam, dieser feine Laut von einem großen, dunklen Vogel, unglaubhaft, fast gespenstisch. Es ist ein irgendwie unfassbares, einzigartiges Erleben, diesen aus nächster Nähe geradezu gewaltig wirkenden Vogel bei seinem im Zittern der Ekstase geflüsterten Balzlied zu belauschen. Mit herabhängenden Schwingen und ausgebreitetem Stoß, den Hals ganz hochgestreckt, tritt er hin und her, dreht sich, läuft kurze Stücke auf und ab. Sein gelber Schnabel leuchtet vor dem dunklen Hintergrund der Fichten, die weißen Flecken an seinen Schultern sind das einzig Helle an ihm, sonst wirkt er ganz schwarz. Es dämmert schon. Ich kann seine geschlossenen Augenlider und das Zucken und Zittern seines Körpers schon sehen. Ich schäme mich fast, es niederzuschreiben: Ich schoss ihn auf den Stingel, als er sich etwas, kaum mehr als auf zwanzig Schritte, von mir entfernte. Mit dem Schuss zerriss ich die weite Stille des Urwaldes. Der Zauber war zerstört.

Nach dem Schuss hörte ich auch das Schleifen der anderen Hahnen, die rund um mich balzten. Vom Schirm aus konnte ich nur die Lichtung sehen, ich kroch heraus und schaute mich um. Ein Hahn balzte auf weite Schrotschussentfernung unter riesigen Fichten. Aus anderer Richtung kamen auch Balzlaute. Ich pürschte mich an den ersten heran, er kümmerte sich kaum um mich. Die drei, vier Hennen, die um ihn waren, liefen nur ein Stückchen weiter oder strichen ein paar Meter seitwärts, der Hahn hielt. Ist denn so etwas möglich? Sind sie denn so vertraut?

Ich brauchte die Hähne nicht anzuspringen, ich pürschte, besser gesagt ging auch noch die anderen drei balzenden Hahnen an und erfreute mich ihres Anblickes aus Schrotschussnähe. Fünf Hähne balzten hier, alle in einem Umkreis von nur 200 Metern. Warum gerade hier, an diesem Fleck der schier endlosen Wildnis – wer könnte dies beantworten?

Das Tal des Rusaia-Baches, der in die Goldene Bistritz fließt. Hier versuchte ich mein Heil in der Brunft 1942.

Links: Die erste Jagdbeute; aus der Dickung brachten sie die Hunde.
Rechts: Die Fährte der Sau, wie eine Furche im tiefen Schnee

Die „Kriegstraße" in den Latschenfeldern auf dem Vurful Omului, auf der 1915/16 Geschütze und Nachschub herangebracht wurden.

Links: Hochsitz im Karpatenschlag. Man verblendete dort Sitz und Leiter. Rechts: Im tief verschneiten Winter: Das Tal des Gagi-Baches, gegenüber der Schlag des Dealu Negru, des „Schwarzen Berges". Um hier zu jagen, braucht man ein gutes Herz und flinke Beine.

„Vurful Omului“, der „Berg der Menschen“; im Vordergrund das Quellgebiet des Rusaia-Baches

Meine „Koliba“ in der Rusaia, damals die schöne, zünftige Unterkunft des Karpatenjägers

Auf der Almwiese war er im Feuer zusammengebrochen. Nie habe ich einen Bock geschossen, der längere Stangen besaß.

Links: Der „kugelfeste" Rehbock – Rechts: Eine Waldwiese am Glodului, ein beliebter Äsungsplatz des Rehwildes

Links: Florea mit seiner Flöte – Rechts: Zum Holzschwemmen benutztes Bachbett. Oft blieben die Stämme auch dort liegen.

Auf dem Dachboden der Almhütte war unser Quartier …

Das war nicht bloß ein „Küchenbock“ (rechts im Foto meine Frau)

Auf einsamer Höhe: die Latschefelder des Omului. Leider sah ich hier oben nie Wild.

Ein Bergrücken hinter dem anderen, fast bis ins Unendliche

Berggehöft in der Facia Cruci: unser letztes Brunftrevier

Im Wirrwarr des gegenüberliegenden Schlages brunftete der Hirsch – wahrlich ein weiter Schuss

Auslug auf den Felsen, von dem aus ich den Hirsch schoss

Mein einziger Karpatenhirsch; ich hätte ihn gerne wieder zum Leben erweckt.

Der Frühling kehrte schon ein. Auch wenn es unvorschriftsmäßig ist: Ich finde es eindrucksvoller, wenn Flugwild zum Fotografieren an den Ständern aufgehängt wird.

Hier oben balzt der Spielhahn.

Links: Die seltenste Jagdbeute in den Ostkarpaten – Rechts: Meine beiden Jäger an der luftigen Unterkunft, in der wir übernachtet hatten

Links: Ein geglücktes Spiel des Zufalls – Rechts: Das „Urwaldgespenst“ – Sau anstelle eines Bären

Der Kirrplatz für Bären. Rechts oben auf dem Felsen ist der Ansitzplatz.

Windbruch in Covasna. Das Revier liegt auf einem Hochplateau und ist deshalb weniger beschwerlich als unser einstiges Karpatenrevier 300 km weiter nordwärts.

Der Platzhirsch des Gór-Berges mit gewaltiger Auslage

Schwieriger Abtransport des Hirsches

Links: Der König der Karpatenwälder, der Hirsch vom Jägerschlag. – Rechts: Und wieder fiel ein Guter auf dem Gór-Berg, fast an derselben Stelle wie im Vorjahr.

In der warmen Mittagssonne vor der neuen Jagdhütte auf der Maricska. Sie lag mitten zwischen den Brunftplätzen und wir vergrämten in Kürze das Wild.

Links: Der langstangige Eissprossenzehner im verfilzten Schlag, in dem ihn H. anging – Rechts: Der zurückgesetzte „Klotzhirsch“, stand nahe den Arbeiterhütten.

Tiefer Schnee auf den Höhen – mitten in der Brunft

Das Forsthaus im Haupttal. So eine bequeme Behausung hatte ich noch nie in den Karpaten.

Hans mit seinen zwei Hirschen der Brunft 1974

Ich hatte den festen Vorsatz, nur einen Hahn zu schießen. Es hätten zwei, auch sogar mehr sein können nach eigenem Ermessen. Zehn Hahnen waren uns frei, und der Donner rollte vom Osten bereits herüber.

Ich wollte nur einen haben, den ersten. Doch unter den anderen war einer, der hatte viele helle Flecken auf dem zum Fächer gespreizten Stoß. Dies ist eine ersehnte Trophäe, die des alten Hahnes! Da ritt mich der Teufel, ich schoss den auch.

An diesem denkwürdigen Aprilmorgen habe ich mir streng vorgenommen, keinen Hahn mehr zu schießen, so groß auch die Versuchung sei. Ich habe dieses Gelübde auch ehrenhaft gehalten, weil ich allem widerstehen kann – außer der Versuchung. Aber seitdem bin ich nicht wieder in Versuchung mit dem Urhahn gekommen.

Das seltenste Wild der Ostkarpaten

Nein, es ist nicht der Luchs! Diesen gibt es überall im langen Kranz der Ost- und Südkarpaten in den endlosen, zusammenhängenden Wäldern. Freilich ist er nirgends häufig, denn er braucht ein großes Revier. Sehr wenige Karpatenjäger haben ihn jemals zu Gesicht bekommen, ich auch nie, weil ein Zusammentreffen mit ihm sozusagen ein Zusammenspiel des Zufalls ist. Als „selten" kann man ihn nicht bezeichnen, eher als heimlich.

Der Birkhahn ist das seltenste Wild der Ostkarpaten! Ob er heute dort überhaupt noch vorkommt, kann ich leider nicht sagen. Es gab vor vierzig Jahren auf den höchsten Bergen der südlichen Marmaros und dem Rodna-Gebirge hoch oben über der Baumgrenze einen sehr spärlichen Bestand dieses wundervollen Wildes. Eigenartigerweise lebte Birkwild aber meines Wissens niemals weiter südlich, weder auf den Spitzen des Kaliman-Gebirges noch in den Hochgebirgs-Regionen der Südkarpaten, in den Fogaras- und Retezat-Massiven, mit den besten Gamsbeständen der Welt.

Ich habe keinen Karpatenjäger gekannt, der Birkwild erbeutet hätte, keinen auch unter meinen Bistritzer Jagdfreunden, die ja dort zu Hause waren. Auch unsere einheimischen rumänischen Waldläufer kannten den Birkhahn nur vom Hörensagen. Sie wussten nur zu sagen, dass er auf den felsigen Latschen- und Grasalmen des Kuhhornes und der „Schwestern" im Westen unseres Revieres angeblich vorkommen sollte. Keiner hatte ihn jedoch jemals gesehen. Denn wer mochte schon wegen dieses kleinen Vogels in diese unwirtlichen Höhen hinaufsteigen?

Ich aber hatte mir fest vorgenommen, dieses Fabeltier ausfindig zu machen und, wenn möglich, auch zu erlegen.

Wie so oft kam mir der Zufall zu Hilfe.

In den letzten Apriltagen meines letzten dortigen Aufenthaltes im Jahre 1944 war ich auf die Almen des „Berges des Menschen", des Omului, aufgestiegen, um den im Schutzwald unter der Baumgrenze vermuteten Balzplatz der Auerhähne ausfindig zu machen. Wie im vorhergehenden Kapitel beschrieben, wurde dies jedoch durch die ungünstige Witterung vereitelt.

Als wir aber am endlich klaren Morgen des vierten Tages unseren Abstieg beginnen mussten, ertönte schon vor Sonnenaufgang von den Almen des Stanisoara-Rückens, der vom „Berg des Menschen" abfiel, das Gurgeln des Spielhahnes! Ich hatte es niemals vorher gehört, erkannte es jedoch sofort.

Wenn er da drüben balzt, so müsste er ja auch hier am Omului zu finden sein, dachte ich, denn mich trennte ein tiefer Taleinschnitt von dem etwa zwei Kilometer entfernten Hahn. Ich durchsuchte auch sogleich mit viel Mühe im hohen Schnee die Lehne, auf der ich mich befand. Hier vermutete ich in den durch kleine Lichtungen durchbrochenen Latschenfeldern den Einstand des Birkwildes. Doch ich fand trotz intensiver Suche vorerst kein Anzeichen für seine Anwesenheit.

Zwischen dem Schutzwald und den Latschenfeldern aber, in einer Höhe von ungefähr 1 600 m, entdeckte ich zwischen den auf der Alm stehenden einzelnen verkümmerten Fichten Geläuf und Losung des Birkwildes. Nun wusste ich, in welchem Terrain ich es zu suchen hatte. Es schien hier jedoch so wenig Birkwild zu geben, dass ich mir ein besseres Gebiet suchen wollte.

Der älteste rumänische Bauernjäger des Dorfes, der schon achtzigjährige Pomahatsch, hatte mir gesagt, dass es auf dem Kuhhorn und den anschließenden Spitzen, dem Preluc und dem Dealu Rossu – dem Roten Berg – noch Birkwild gäbe. Die Jäger hier kannten keinen rumänischen Namen, sie nannten es nur „Pirkhahn". Diese Bezeichnung hatten sie höchstwahrscheinlich von unseren Jagdpächter-Vorgängern übernommen. Auch Pomahatsch selbst hatte ihn vor zehn Jahren zuletzt gesehen, seitdem hatte ihn kein Mensch da oben gesucht.

Am Morgen des zweiten Mai starteten wir zur „Birkhahn-Expedition“ auf die weiten Almen des Preluc, die sich über der Baumgrenze ausbreiteten. Mit von der Partie waren zwei geschickte Jäger, mein alter Freund und Pürschbegleiter Juon und der junge, äußerst passionierte Florea. Beide waren, so wie ich selber, vom Ehrgeiz durchdrungen, den geheimnisvollen Bewohner der Almhöhen, den Birkhahn, kennenzulernen. Wir hatten Verpflegung für drei Tage dabei, eine Flinte, selbstverständlich auch die Büchse und auch die zu dieser Zeit in den Hochlagen unbedingt notwendigen Schneereifen.

Der ungefähr siebzehnhundert Meter hohe Preluc-Rücken, der sich vom Roten Berg zum Tal der Goldenen Bistritz hinunterzieht, ist die Wasserscheide zwischen dem Quellgebiet der Szamos und dem Lála-Bach und bildete auch unsere westliche Reviergrenze. Die Ostseite des Rückens in unserem Revier war eine von vielen felsigen Seitengraten durchbrochene Almwiese, darunter ein schier unendlicher Fichtenurwald. Ich war noch niemals in diesem Revierteil gewesen, meine Begleiter kannten ihn auch kaum. Umso spannender versprach diese „Entdeckungstour“ zu werden!

Wir stiegen den einzigen Pürschsteig in Mittelhöhe des Riesenschlages des Dealu Negru, des „Schwarzen Berges“, hinan. In diesem Südhang herrschte schon der Lenz! Der Schnee ist weg, die Buchen in den tieferen Lagen haben schon einen zarten, grünen Hauch, die Ringamseln singen.

Auch Rotwild steht immer noch hier, wo es den Winter mit der Grünäsung der Brombeerblätter überstanden hatte. Erst sehen wir vier Junghirsche, sie haben ihre Sechser- und Achterstangen noch nicht abgeworfen, dann zwei Althirsche, riesig im Wildkörper, mit kahlen Häuptern. Einige hundert Schritte höher zieht unterhalb des Pürschsteiges ein einzelnes Reh im Gewirr des Schlages. Ich beobachte es lange Zeit, bis ich das Haupt sehen und es ansprechen kann. Es ist eine Ricke. Schade, die Erlegung eines Karpatenbockes ist stets eine besondere Freude! Wir suchen auch die geeigneten Plätze für zwei neue Salzlecken aus. Nächste Woche schon wird das Salz draußen sein; das Wild benötigt es vorwiegend in dieser Jahreszeit, doch muss man mit dem Auslegen die Schneeschmelze abwarten.

Der Pürschsteig endete im Hochwald am Rücken des Schwarzen Berges. Von nun ab stapften wir weiter im Schnee, der aber zu unserem Glück infolge der Schmelze so hart war, dass er unser Gewicht trug und wir nicht die ungeschickten Schneeschuhe anschnallen mussten. So war auch der Anstieg nicht besonders ermüdend. Im oberen Teil des Schonwaldes kreuzten wir mehrere Geläufe vom Auerwild und durchsuchten darum den Nordhang des Hochwaldes in den oberen Lagen in der Hoffnung, einen noch unbekannten Balzplatz zu finden. Wir blieben ohne Erfolg, fanden jedoch die nagelfrische Spur eines Luchses, der wahrscheinlich hier auf Auerwild gepürscht hatte.

Bevor wir aus dem Wald kamen, führte unser Weg an einem seit dem Sommer verlassenen Schafspferch vorbei. Ringsherum hatte Rotwild auf zimmergroßer Fläche im Schnee geschlagen, um zu den Resten des für die Schafe ausgelegten Salzes und dem damit durchtränkten Erdreich zu gelangen.

Dann erreichten wir nach mehrstündigem Aufstieg die Alm. Im strahlenden Sonnenschein breitete sich vor uns das Panorama des Hochgebirges aus. Wir stiegen in ost-westlicher Richtung einen vom Preluc abfallenden Nebenrücken hinan zum Hauptgrat, um uns von da aus orientieren zu können, wie das Gelände da oben wäre und wo wir wohl den Kleinen Hahn suchen sollten.

Wir waren aber kaum einige hundert Schritt hinaufgestiegen, als ich zwischen verkrüppelten Fichten, wie drüben am Omului, die ersten Birkhuhngeläufe und auch Losung fand. Weiter oben vermehrte sich das Geläuf, es wurde dann auch eine Henne vor uns hoch. Nach der Zahl der Geläufe zu urteilen, mussten es mehrere Vögel gewesen sein, die jedoch hier offensichtlich nur ihre Äsungs-, nicht aber Balzplätze hatten.

Als wir um die Mittagszeit den felsigen Grat des Preluc erreichten, gingen weit entfernt vor uns zwei schwarze Hähne mit gesichelten Stößen hoch, den Grat weiter hinaufsteigend, von einer aperen Stelle unter uns in der Lehne noch weitere drei. Sie strichen mit blitzschnellem Flug und einem Schwingenschlag, der mich an den der Stockente erinnerte, weit, weit in die Ferne.

Jetzt wusste ich also schon, dass hier Birkhähne vorkamen. Von den fünf Hähnen könnte ich einen mit gutem Gewissen schießen, ohne dem Bestand Schaden zuzufügen. Ob wohl die Balz noch andauerte?

Wir scharrten den Schnee von einer Quelle weg, die wir am Hang gefunden hatten, und machten uns ans wohlverdiente Mittagsmahl. Inzwischen besprachen wir den Plan für den nächsten Morgen. Wir wollten feststellen, ob die Hähne noch balzten, wenn ja, wo der Balzplatz zu finden sei. Bekanntlich hält der Kleine Hahn genauso wie der Große seinen Balzplatz ziemlich sicher, doch im Gegensatz zum Auerhahn verbringt der Spielhahn die Nacht nicht in seiner Nähe. Er fällt nur bei Morgengrauen dort ein, um dann oft bis in den sonnigen Vormittag zu balzen. Wir beschlossen, von drei verschiedenen Stellen aus zu beobachten. Falls es uns gelang, den Balzplatz zu finden, wollte ich am nächsten Morgen versuchen, einen Hahn zu erlegen. Meine beiden Jäger sollten auf dem Hauptkamm etwa zwei Kilometer voneinander entfernt von sich dort erhebenden Felsblöcken Ausschau halten, ich aber wollte auf den vom Preluc abfallenden Rücken gehen, in dessen unterem Teil wir die Geläufe fanden. Die Südseite war nämlich schon aper. Ich vermutete, dass die Hähne im schneefreien Hang über der Baumgrenze ihren Balzplatz hatten.

Die Sonne hatte sich inzwischen schon über den Grat des Preluc geneigt. Es war höchste Zeit, dass wir einen Platz zum Übernachten suchten. Meine Jäger wussten eine Schäferkoliba unten im Schonwald. Nach langem Suchen fanden wir sie auch am Rande einer kleinen Lichtung, doch in welchem Zustand! Sie war schon fast zusammengebrochen, das Holzschindeldach halb abgebrannt. Wir machten uns schnell ans „Restaurieren“. Wir fällten einige dünnere Fichten, füllten mit ihnen die großen, gähnenden Löcher in der Wand aus, legten größere Aste über die Lücken des Daches und machten uns aus Fichtenzweigen ein Lager. Brennholz für die Nacht war innerhalb von Minuten bereit, schon brodelte das Teewasser. Viel haben wir in dieser Nacht nicht geschlafen! Wir verbrachten die kurze Nacht ums Feuer sitzend, weil es hundskalt war.

Nach ausgiebigem Teetrinken und einem guten Stück Speck rüsteten wir schon um zwei Uhr nach Mitternacht zum Aufstieg. Trotz der schneidenden Kälte war das Wetter sehr günstig. Es war eine sternklare Nacht. So konnte ich hoffen, dass auch der Tagesanbruch klares Wetter bringen würde, dass man weit schauen und verhören konnte. Nach eineinhalbstündigem Aufstieg erreichte ich noch bei völliger Dunkelheit meinen Ansitzplatz auf dem felsigen, mit verkrüppelten Fichten und teilweise Latschen bewachsenen Grat und verkroch mich an einem Busch, von wo aus ich den steil abfallenden schneefreien Hang größtenteils übersehen konnte. Von hier aus könnte ich, wenn es notwendig wäre, vielleicht noch näher an den Hahn heranpürschen. In Ermangelung eines Drillings hatte ich sowohl Flinte als auch Büchse mitgenommen.

Es dauert lange bis zum Tagesanbruch! Sehr weit unter mir aus der Tiefe das gedämpfte, monotone Brausen des Gagi-Baches. Bis das zarte Rosa des nahenden Tagesanbruches über dem Dealu Rossu erscheint, bin ich schon fast erfroren! Meine Zähne klappern, so kalt ist mir.

Beim ersten Tagesanbruch vernehme ich die Stimme eines Hahnes von sehr weit her aus dem entfernt gegenüberliegenden Nordhang des Kuhhorns. Als „Gesang“ ist die Stimme jedoch kaum zu bezeichnen, dieses in kürzeren und längeren eintönigen Strophen abwechselnde Kullern. Lu – lu- lu – lu – lu – hört es sich an, doch ist es für mich eine bezaubernde Musik! Dann, kurz danach, lässt sich ein anderer vernehmen, auch von sehr weit her, jedoch aus der entgegengesetzten Richtung, vom nördlichen Teil des Preluc-Grates. Nach Sonnenaufgang mischt sich auch ein dritter Hahn in das Konzert, er ist schon näher! Seine Stimme kommt vom Osthang des Preluc von irgendwo über mir. Ich kann unmöglich feststellen, aus welcher Entfernung sie kommt. Vielleicht könnte er überriegelt in einer Senke in meiner Nähe sein. Nur hört sich sein Gurgeln wie von weit her kommend an. Als ich dann über mir, aber schon viel näher, das Gackern einer Henne höre, später den „Tschihui“-Kampfruf des Hahnes, beschließe ich, auf meinem Platz zu bleiben, in der Hoffnung, dass sich der Hahn zur Henne umstellt.

Inzwischen ist die Sonne hochgekommen, doch der Schauplatz um mich herum bleibt leer. Alle drei Hähne balzen ununterbrochen von derselben Stelle. Auch der mir am nächsten kullernde Hahn „singt“ vom gleichen Platz. Ich beschließe, ihn anzupürschen, in der Hoffnung, ihn zu Gesicht zu bekommen und seinen Balzplatz auszumachen.

Ich pürsche nun sehr vorsichtig unter dem Rücken des Seitengrates auf der schneefreien Seite hinauf. Das Kullern des Hahnes scheint von sehr weit her über mir von der Schneeseite des großen Hanges zu kommen. Ich ahne noch nicht, dass soeben die schwierigste, aufregendste Pürsch meines Jägerlebens begonnen hat!

Kaum war ich höher gekommen, als ich in einer Senke des schneefreien Hanges weit unter mir etwas Weißes im vertrockneten Almgras gewahrte. Mein vorzügliches Hensoldt-Glas zeigt mir eine äsende Birkhenne, deren weiße Unterstoß-Deckfedern der auffallende helle Fleck sind, wenn sie den Stoß von Zeit zu Zeit aufkippt. Nach und nach mache ich fünf Birkhennen aus, eine ganz kleine Schar. Ich kann sie nur der Bewegung nach erkennen, sie haben im braunen Gras durch ihre Färbung gute Deckung. Ein Hahn ist nicht dabei. Sein Kullern kommt von weiter oben.

Unbemerkt kann ich nicht über den Hennen vorbei, ich muss sie hochmachen. Ich hoffe jedoch, dass sie nicht in Richtung Hahn abstreichen, sonst ist es für heute Schluss mit der Jagerei. Sie tun mir den Gefallen und streichen über das tiefe Tal hinweg zum gegenüberliegenden Hang. Ich kann also meine Pürsch fortsetzen. Der Hahn kullert fast unentwegt mit nur kleinen Pausen und scheint nun nicht mehr weit über mir zu sein. Auf dem Grat über mir erhebt sich ein Felsblock. Von dort aus gibt es sicherlich gute Sicht auf die andere Seite. Vielleicht kann ich den Hahn sehen.

Meinen Hut ablegend, luge ich vorsichtig vom Fels hinüber. Ich werde den Anblick nicht vergessen, der sich mir bietet! Kaum hundertfünfzig Schritt entfernt auf einem schneefreien, kleinen Fleck kämpfen zwei sichelbefiederte schwarze Ritter ein Turnier aus. Mit lang nach vorn gestrecktem Hals sich gegenüberstehend, mustern sie sich lange Zeit, dann springen sie beide plötzlich meterhoch in die Luft. Der dritte Hahn aber steht einige Schritt abseits von den Kämpfenden und kullert in selbstvergessener Ekstase mit lang und tief vorgestrecktem Stingel. Ihre knallroten Rosen über den Augen blühen aus dem pechschwarzen Gefieder hervor. Die aufgehende Sonne vergoldet sie mit ihren Strahlen in der herrlichen Hochgebirgslandschaft.

Einige Minuten betrachte ich versunken dieses noch nie gesehene, großartige Bild. Dann inspiziere ich genau das Gelände. Mit der Kugel könnte ich von hier aus schießen, doch ist es ziemlich weit für einen sicheren Schuss. Die grobe Kugel würde auch den wundervollen Vogel arg zurichten, wenn ich ihn träfe. Aber die Situation scheint es zu erlauben, dass ich mich in Schrotschussnähe anpürsche. Der scharfe Grat, auf dem ich stehe, breitet sich nämlich in Richtung der Hahnen zu einem Sattel mit sanft buckeligem Rücken aus, auf dessen nördlichem Hang sich die Hähne befinden. Der Sattel ist aber vollständig kahl, nur mit Gras bewachsen und so flach, dass ich hinter ihm nur auf dem Bauch in Schrotschussnähe kommen kann. Doch ist auch auf dessen Südseite noch ein großer Schneefleck, der auch das lautlose Herankommen erschwert.

Noch ein Blick auf die Hähne: Alle drei haben vollständig entwickelte, gekrümmte Sicheln. Es wäre also einerlei, welchen ich schieße, falls es mir gelingt, heranzukommen. Nachdem ich mir ganz genau den Punkt des Sattels eingeprägt habe, wohin ich gedeckt gelangen muss, ziehe ich mich hinter dem Fels in volle Deckung zurück. Das aufregende Anpürschen beginnt, mein Herz schlägt jetzt schon in meiner Kehle.

Hinter dem Fels gehe ich etwa sechzig Meter hinunter auf die Südseite, um gedeckt nach oben pürschen zu können. Dann schleiche ich behutsam schräg den Hang hinauf auf den Punkt zu, den ich mir vorher ausgesucht hatte, und von wo ich hoffe, den Hahn schussgerecht zu haben. Im Schneckentempo, doch lautlos, komme ich voran, es scheint eine Ewigkeit zu dauern, bis ich unter dem Sattelkamm geduckt wieder auf eine Grasfläche gelange.

Das Kullern hat aufgehört, doch höre ich keinen Schwingenschlag des Abstreichens, also müssen die Hahnen noch hier sein. Ich benötige noch etwa zwanzig Schritt, um zum höchsten Punkt des Sattelrückens zu gelangen, wo meine Deckung endet.

Plötzlich sehe ich auf etwa achtzig Schritt links über mir einen Hahn, der auf dem Grat des Sattels kommt. Ich bin in seiner vollen Sicht, kann also nichts anderes tun, als so flach wie möglich im Gras liegenzubleiben. Wenn er mich jetzt eräugt, streicht er ab und nimmt sicher auch die anderen Hähne mit! Doch er ist ganz vertraut und pickt im Gras herum. Als er mir den Rücken zudreht, krieche ich noch ein, zwei Schritte vor. Dann hört die Deckung auf, es muss die Entscheidung fallen.

Die Nerven sind zum Bersten gespannt, als ich mich erhebe! Mit der Flinte an der Schulter stemme ich mich erst auf die Ellbogen, dann mit einem schnellen Ruck aufs Knie. Dort ist der Hahn, kaum dreißig Schritt entfernt, er sichert mit langem Stingel. Es währt nur den Bruchteil eines Augenblickes bis der Schuss fällt, der Hahn sinkt zusammen.

Ich weiß nicht genau, was in den darauffolgenden Minuten passierte. Ich weiß nicht, wohin die beiden anderen Hähne abstrichen, ob ich in meiner Freude Luftsprünge getan, geschrien oder gelacht habe. Ich kann mich nur daran erinnern, dass ich dann im Gras saß und die stahlblauen Federn des Hahnes streichelte.

Florea und Juon kamen vom Hauptkamm herunter. Sie hatten den Verlauf der Pürsch gut sehen und voller Aufregung verfolgen können.

Es ist ein alter Hahn! Seine Sicheln sind voll gekrümmt, über den Augen große, knallrote Rosen, der Nacken ist kahl. Der Alte musste ein großer Kämpfer gewesen sein!

Er hängt am Stiel der Axt auf dem Rücken Juons, als wir den Abstieg zur Hütte antreten. Dort binden wir die wunderbaren Sicheln zwischen zwei Holzschindeln, damit sie nicht brechen, und wandern mit unserer stolzen Beute hochbeglückt hinunter ins weit entfernte Marienta1.

Hubertus, der Heilige, war gnädig zu mir gewesen. Ich konnte das seltenste Wild der Ostkarpaten, wohl meine wertvollste Jagdbeute, nach der schwierigsten, aufregendsten Pürsch meines Jägerlebens erbeuten!

Und dann einmal fällt es in den Schoß …

An einem Morgen der letzten Apriltage 1944 ging eben strahlend die Sonne über dem Rücken des Glodului-Berges auf, als ich, die Büchse geschultert, aus dem Hauptquartier in Mariental aufbrach.

Die vorhergehenden Tage war ich zur Balz des Großen Hahnes in entfernten Revierteilen unterwegs gewesen und hatte nun für diesen Morgen noch keinen festen Jagdplan, da die Bockjagd erst am 1. Mai aufging. Nun war ich sehr scharf auf einen Bären. In den ersten zwei Jahren unserer Karpatenjagd waren wir noch voller Zuversicht. Nur Zeit lassen mit Meister Petz, es eilt nicht! Bären schießt man nicht wie Rehböcke, höchstens zwei, drei in einem Jägerleben. Es sollen auch besondere Bären sein, unter möglichst besonderen Umständen erlegt! Nun aber donnerte die Kriegsfurie schon in Hörweite hinter dem Karpatenkamm, und ich begriff, dass es mit dem Bären sehr eilig wurde!

Im Frühjahr ist der Bär meistens leicht ans Luder zu kirren. Wenn er sein Winterlager verlässt, hat er Hunger, zu dieser Zeit ist er auch Allesfresser bei wenig Fraß in der Natur. Wenn er das Luder findet und annimmt, so kommt er meistens einige Tage lang abends regelmäßig noch bei Büchsenlicht zum Luderplatz zurück. Deshalb war es in den Ostkarpaten Brauch, Pferdeluder auszulegen. Alte, ausgediente Huzulenpferde gab es immer, man konnte sie meistens für einen niedrigen Preis erwerben. Natürlich mussten diese Luderplätze ständig kontrolliert werden, um die Anwesenheit eines Bären rechtzeitig festzustellen.

Ich wollte meine Chance nutzen und hatte sogar zwei Luder vor meiner Ankunft auslegen lassen. Es waren inzwischen schon zehn Tage verstrichen, es kam immer noch keine Meldung, dass ein

Luder angenommen sei, obwohl beide Luderplätze schon seit vielen Jahren regelmäßig beschickt worden waren und nicht nur ein Petz dort aus der Decke geschlagen worden war.

Der nächste Luderplatz lag kaum eine Gehstunde von Mariental entfernt in einem Seitental des Persa-Baches. Ich war noch nie dort gewesen, aber man hatte mir gesagt, in welchem Bachbett das Luder auf einer kleinen Lichtung lag. Am Rand dieser Lichtung stand gedeckt ein Hochsitz, zu dem ein kaum befahrener Holzabfuhrweg am Rande des Bachbettes führte. Ein lieber Freund und unser Jagdgast hatte im vorigen Frühjahr an diesem Luder vom Hochsitz aus eine Altbärin mit drei halbwüchsigen Jungbären über mehrere Stunden dabei beobachtet, wie sie sich am „Leckerbissen“ gütlich taten.

Ich hatte in den letzten Tagen von diesem Luderplatz keine Meldung bekommen. Darum beschloss ich, an dem „unbeschäftigten“ Morgen auf eigene Faust den Luderplatz zu kontrollieren.

So gegen fünf Uhr pürschte ich bei schon völligem Tageslicht noch das Wiesental des unteren Bachlaufes entlang, um in den höher gelegenen Wald zu gelangen, als ich einen mir bekannten rumänischen Bauernjungen aus Mariental traf, der mit der Axt unter dem Arm ebenfalls dem Wald zustrebte. Er bot sich an, mich zu begleiten, da er auch den Platz genau kannte, wo das Luder lag. Ich nahm natürlich mit Freuden an – und das war wieder ein glücklicher Zufall, wie wir gleich sehen werden.

Es war gegen sechs Uhr, die Sonnenstrahlen fielen schräg durchs Gezweig, als mir mein Begleiter durch Zeichen andeutete, dass wir nun in der Nähe des Luderplatzes seien. Es war natürlich nicht zu erwarten, dass zu dieser Tageszeit Wild am Luder sein könnte, doch der Teufel schläft bekanntlich nie!

Wäre ich alleine gewesen, so hätte ich nichts von der Nähe des Luders gewusst und wäre gewiss weniger vorsichtig gewesen. So aber pürschte ich behutsam den Holzabfuhrweg hinan, bis ich auf etwa achtzig Schritt vor mir die kleine Lichtung im Hochwald gewahrte. Mitten auf ihr stand breitseits ein Tier von der Größe der dortigen riesigen Schäferhunde, das in der Sonne ganz hellgrau, fast weiß wirkte. Kopf und Keulen waren von Fichtenstämmen verdeckt, Blatt und Rippenpartie jedoch vollständig frei.

Ich hätte das Tier gewiss für einen Hund gehalten, schon wegen der späten Tageszeit und der auffallend hell wirkenden Farbe, wäre bestimmt so lange herumgetreten, bis es abgesprungen wäre. Doch hatte ich meinen Begleiter hinter mir, der, als er das Tier sah, mich am Arm packte und mir das Zauberwort ins Ohr raunte: „Lup!"

Ich musste nur einen halben Schritt nach rechts treten, um am nächsten Stamm anstreichen zu können. Auch von hier aus hatte meine Kugel freie Bahn. Von hier konnte ich am unverdeckten Halsansatz sehen, dass der Kopf des Wolfes zum Fraß nach unten geneigt war. Ich ließ mir keine Zeit, das Jagdfieber aufkommen zu lassen. Fest stand das Fadenkreuz fingerbreit hinter dem Blatt, als der Schuss brach.

Bei keinem anderen Wild hatte ich jemals ein solches Zeichnen erlebt; denn wie ein abprallender Gummiball schleuderte sich der Wolf mit einem Riesensatz Richtung Bachbett und war vom Erdboden verschwunden! Wir gingen zum Anschuss. Ich war meiner Kugel ziemlich sicher, aber es war doch ein schlechtes Gefühl, neben dem Pferdekadaver, wo der Wolf gestanden hatte, weder Schnitthaar noch einen Tropfen Schweiß zu finden. Aber Schritte weiter lag der Wolf verendet in der steilen Böschung des Bachbettes!

Es war eine Altwölfin, weder säugend noch tragend. Sie hatte das stattliche Gewicht von 45 Kilogramm! Der Balg war bis zur Luntenspitze 190 cm lang. Das 8 x 60-Magnum-H-Mantelgeschoss hatte keinen Ausschuss ergeben.

In den Ostkarpaten einen Wolf zu schießen, ist ein sehr, sehr seltenes Waidmannsheil für einen Jäger, der nicht ständig dort lebt. Obwohl es damals dort viele Wölfe gab, waren sie doch nirgends und überall! Aber keiner meiner vier Freunde und Mitpächter, auch keiner unserer Gäste, hatte jemals auch nur den Anblick eines Wolfes! Ich kann auch die Zahl der vielen „Herrenjäger", die ich damals und auch seit dem Kriege kannte und die einen Wolf dort erlegt hatten, an den Fingern einer Hand aufzählen!

Vielleicht nur ein Raubwild der Ostkarpaten ist seltener als der Wolf, der Luchs! Der ist auch überall gegenwärtig – und doch nirgends. Ab und zu sieht man seine Fährte, aber ein Zusammentreffen mit ihm ist so gut wie ausgeschlossen. Wenn mit Bracken oder Stöberhunden gejagt wird, was in alter Zeit ständig Brauch war, doch nun in Vergessenheit gerät, ist dem Luchs leichter beizukommen, da er vor den Hunden meistens aufbäumt, verbellt und dann leicht geschossen wird. In Fallen wird er auch leichter gefangen als der Wolf.

Jedenfalls habe auch ich, der „Wolfjäger", nie einen Luchs zu Gesicht bekommen.

Die Decke des Wolfes ist bei Krieg und Kampf in Budapest beim Präparator wie durch ein Wunder erhalten geblieben. Heute noch, fünfunddreißig Jahre nach ihrer Erbeutung, hängt sie an der Wand meines kleinen Zimmers in friedlicher Eintracht mit einigen ungarischen und einem englischen Rehbock, einem deutschen, starken Muffelwidder, einem uralten bayerischen Gamsbock und einem grimmen Kaffernbüffel aus Tansania als einzig verbliebenes, greifbares Andenken an die „ewigen Jagdgründe".

Bärenansitz

„Ursu muncat!" – „Der Bär hat gefressen!" – stand es in lakonischer Kürze und geschrieben mit primitiven Lettern von der Größe eines Spatzenkopfes auf dem zerknitterten Zettel. Es war die Handschrift des rumänischen Bauernjägers und unseres Hegers, Mihail Ambrose. Ein Bote mit großkrempigem schwarzem Hut, in weißem Hemd und weißen Hosen aus heimgesponnener Leinwand, zog die Botschaft aus seinem breiten, bestickten, ledernen Gürtel hervor.

Die Vorgeschichte dieser schon lange erwarteten Meldung, die große Aufregung bei mir verursachte, war, dass ich in der Hirschbrunft 1943 meinen schon lange fälligen ersten Bären nach Möglichkeit strecken wollte. Es waren damals sehr turbulente Zeiten. Es war deshalb angebracht, mit nichts zu warten, was einem geboten wurde.

Zu diesem Zweck hatte Meister Ambrose auf mein Konto, zu einem Preis, der fast die Hälfte meines damals noch ziemlich mageren Monatsgehaltes betrug, einen alten, ausgedienten Gaul gekauft, getötet und am Bären-Luderplatz im Albu-Bach angelegt. Die Läufe waren mit starkem, dickem Draht an einen Strauch gebunden, damit der Bär das Luder nicht wegzerren konnte und genötigt war, draußen auf der kleinen Lichtung zu schmausen.

Dieser Luderplatz im Tale des Albu-Baches war ein außerordentlich berühmter Ort! Seit Menschengedenken war dies nämlich die beste Luderstelle des Reviers, wo die Bären Jahr für Jahr angekirrt wurden. So hatte nicht nur ein Petz hier seine Decke einbüßen müssen! Der kleine Gebirgsbach durchquerte an dieser Stelle ein tiefes, enges Tal mit steilen, felsigen Lehnen. Hier lagen, wie es in den engen Betten der Karpaten-Bäche meistens der Fall ist, angeschwemmte Baumstämme haushoch aufgetürmt. Der Luderplatz befand sich an einer Stelle, wo das Bachbett sich zu einer vielleicht dreißig Schritt langen und zehn Schritt breiten, begrasten Blöße ausbreitete. Über dieser Blöße erhob sich westlich ein etwa dreißig Meter hoher, steilwandiger Felsen, auf dessen Höhe der Ansitzplatz eingerichtet war. Hier war der Jäger vor dem Verrat durch jede Brise fast vollständig geschützt. Zum Ansitz führte ein in die Berglehne eingehauener, seit Jahrzehnten in Ordnung gehaltener Pürschsteig. So konnte man also jederzeit mit gutem Wind, gedeckt und lautlos zum Ansitzplatz gelangen. Auch um das Luder zu kontrollieren, brauchte man seine Wittrung nicht am Luderplatz verbreiten. Vom Ansitzplatz aus war es leicht, aus einer Entfernung von etwa fünfundzwanzig Schritt genauestens festzustellen, was sich dort unten ereignet hatte. Mit dem Glas sah man sogar die Spuren und Fährten.

Es war in jeder Beziehung ein idealer Ansitzplatz! Gewiss wäre es leichter gewesen, den Bären im Frühjahr ans Luder zu bringen. Nach dem Winterschlaf nahm er es meistens sofort an. Zur Hirschbrunft jedoch, wenn alle Beeren reiften, wenn die Schläge voller Himbeeren und Blaubeeren standen, hatte er dort stets einen gedeckten Tisch. Dennoch hoffte ich, dass in den drei Wochen meines Jagens im Urwald das Luder vom Bären angenommen würde und ich ihn zur Strecke bringen könnte.

Die Jagdgötter waren mir jedoch abhold. Nicht nur, dass in den ersten zwei Wochen der Bär nicht gefressen hatte, ich hatte auch keinen Hirsch erlegt, nur einen in Anblick bekommen. Ich hatte sogar keinen einzigen Hirschschrei vernommen. In diesem Jahre gab es eine außergewöhnliche Hitze und Trockenheit, bei der die Brunft nicht in Gang kommen wollte.

Am letzten Septembertag machte ich also einen Standortwechsel in das einen ganzen Tagesmarsch entfernte, nördlich gelegene Rusaia-Tal, um es dort mit den Hirschen zu versuchen. Ambrose aber wurde angewiesen, mir sofort einen Boten nachzuschicken, falls der Bär das Luder annehmen sollte.

So erreichte mich dann der „Brief“ Ambroses in meiner Koliba in der Rusaia. Doch dort schrien die Hirsche! Ich bemühte mich um diese und konnte kein Herz fassen, sie des Bären wegen aufzugeben. Ich gab noch zwei Tage in der Rusaia drauf, bekam keinen Hirsch in Anblick, geschweige denn zur Strecke. Dann übersiedelte ich wieder zurück ins Valea Mare.

Wir waren frühmorgens losgezogen, so dass ich am frühen Nachmittag schon beim weit in den Wäldern versteckten Gehöft Ambroses ankam. Als er meiner ansichtig wurde, warf er seinen Hut zu Boden. Doch nicht nur mein spätes Erscheinen war der Grund seines Zornes, sondern wahrscheinlich auch die gewaltige Schnapsfahne, die ihm entstieg.

„Domnule, ursu muncat, du nicht kommen, ursu fressen Pferd, war Pferd, nix Pferd!“

Zum Teufel, war das aber eine schlechte Nachricht. Ich hatte nämlich erhofft, den Bären an diesem Abend zur Strecke bringen zu können. Und nun war er mir plötzlich entflogen, wie der gewisse Spatz aus der Hand!

Ich versuchte dann, Ambrose auszufragen. Der war zunächst voller Zorn, dann jedoch beruhigte er sich und meinte, dass wir den Bären kaum noch erlegen würden. Es war nämlich so gewesen, dass er an dem Tag, an dem ich in die Rusaia umzog, das Luder kontrolliert hatte und feststellte, dass es der Bär in der vorhergegangenen Nacht angenommen hatte. Es wäre dann schon zu spät gewesen, um mich erreichen oder benachrichtigen zu können. Es schien ihm dies auch nicht besonders dringend zu sein, denn es war anzunehmen, dass der Bär nach drei Tagen, in der Zeit, die ich unserer Verabredung gemäß in der Rusaia zu verbringen gedachte, ganz regelmäßig zum Luder kommen würde und ich dann die besten Chancen gehabt hätte. Es kam jedoch so, dass Meister Petz auch in der darauffolgenden Nacht ein großes Gelage feierte, so dass er den Großteil des Pferdes in zwei Nächten verzehrt hatte. Ambrose hatte ferner feststellen können, dass nicht nur einer, sondern gleich drei Bären, ein Kapitaler, ein Mittelbär und ein schwacher, das Luder besucht und natürlich auch davon gefressen hatten.

Seiner Meinung nach könnte einer der Bären auch noch an diesem Abend am Luder sein, gewissermaßen zur Nachlese, aber die Aussichten dafür ständen schlecht.

Es war wirklich ein gewaltiges Pech! Doch wollte ich versuchen, noch zu retten, was zu retten war. Wir pürschten also sehr vorsichtig zum Ansitzplatz. An dieser verlassenen und ungestörten Stelle konnte der Bär auch schon bei Tageslicht am Luder sein. Endlich kamen wir oben am Felsensims an. Ambrose blickte vor mir vorsichtig hinunter, dann winkte er enttäuscht ab. Der Luderplatz war leer! Der Bär hatte die Reste des Pferdes weggeschleppt. So musste ich an einem leeren Luderplatz darauf warten, dass der Bär vielleicht doch noch durchwechselte, um seinen einst gedeckten Tisch zu kontrollieren.

Unangenehm war jedoch, dass mir Ambrose das Rauchen untersagte. Er meinte, dass der sehr vorsichtige Bär den Rauch wittert. Ich bin nun anderer Meinung, aber ich musste mich des wiedergewonnenen Friedens willen fügen. Wahr ist aber natürlich, dass mit dem Anstecken und Rauchen der Zigarre oder Zigarette Bewegungen unvermeidlich sind, die jedoch dem Wild, wenn man sie vorsichtig ausführt, meistens nicht auffallen. Wahrscheinlich ist es beim Bären auch so, aber ohne Erfahrung musste ich mich meinem Meister fügen.

Die Uhr zeigte halb fünf. Um sechs Uhr ist es im Oktober in diesen östlichen Gefilden schon ganz dunkel, obwohl wir zunehmenden Mond hatten. Doch dieser war noch zu schwach, als dass er uns hätte helfen können. Ambrose meinte, dass der Bär meistens vor oder bei Abenddämmerung ans Luder tritt. Wir hatten leider nur eine ganz kleine Hoffnung dafür, doch saßen wir unbeweglich und beobachteten ständig unsere Umgebung.

Plötzlich war bei noch völligem Büchsenlicht aus der vollständig uneinsichtlichen Dickung des Gegenhanges ein Brechen von Knochen drei, viermal hintereinander zu vernehmen! Der Bär war also doch noch gekommen und verzehrte die verschleppten Reste des Pferdes. Die Lage war völlig hoffnungslos, denn ich konnte kein Haar von ihm sehen, und an ein Anpürschen war in dieser

Dickung überhaupt nicht zu denken. Nach einer Weile hörten auch diese Geräusche auf.

Beim Heimmarsch beratschlagte ich mit Ambrose. Wir waren beide äußerst enttäuscht und zerbrachen uns nun den Kopf, was an der Lage überhaupt noch zu retten wäre. Die beste Lösung wäre freilich, morgen ein neues Pferd als Luder auszulegen. Wenn der Bär sogleich ein frisches bekäme, wäre die Wahrscheinlichkeit groß, dass er den neu gedeckten, gewohnten Tisch auch weiterhin annehmen würde. Doch war es vollständig ausgeschlossen, in so kurzer Zeit einen anderen Gaul aufzutreiben. Darum kamen wir zum Schluss auf den Gedanken, dass ein Schaf herhalten sollte. Doch bestand dann die Gefahr, dass der Bär das Schaf „auf einen Sitz" vertilgen könnte. Am Schaf musste ich also jeden Abend ansitzen und konnte nicht so lange warten, bis das Luder angenommen war.

Wir klopften an der Tür des im Tal an unserem Wege gelegenen Bergbauern an, von dem Ambrose wusste, dass er ein lahmes Schaf hatte. Wir hatten auch Glück; denn das schwarze Tier war noch nicht den ewigen Weg aller Lebewesen gegangen, wir konnten es auch preiswert erstehen.

Anderntags wurde das Schaf von Ambrose zum Bärenkirren verwendet. Wir verabredeten, dass ich am selben Abend noch nicht ansitzen sollte; es sei nicht anzunehmen, dass der Bär an der Stelle, der noch Menschenwittrung anhaftete, das frische Luder annehmen würde.

Am dritten Tag waren Ambrose und ich um drei Uhr nachmittags schon im Albu-Bach zum Luderplatz unterwegs. Sowohl das Schaf als auch die übriggebliebenen verstreuten Knochen des Pferdes waren unberührt. Kurz nach drei Uhr nahmen wir unsere Plätze ein, um Meister Petz nunmehr unbeweglich und ohne zu rauchen ansitzend zu erwarten. Ambrose nickte bald ein und schlief seinen gerechten Schlaf still schnaufend an meiner Seite. Beim Luder aber tat sich nichts. Als dann endlich Ambrose erwachte, wechselten wir die Rollen, nun nickte ich kurz ein. Doch kaum war ich weg, erwachte ich durch einen leisen Druck von Ambroses

Ellbogen. „Fuchs!“, flüsterte er leise. Als meine Augen sich allmählich an das Halbdunkel gewöhnt hatten, erkannte ich auch eine Bewegung neben den Knochen des Pferdes. Durchs Glas konnte ich dann den starken hellen Fuchs genau ansprechen. Er zeigte eine große, weiße Luntenspitze, die sofort ins Auge stach. Ich hätte ihn nur allzu gerne geschossen, was auf die nahe Entfernung von kaum dreißig Schritten auch im schlechten Licht kein besonderes Kunststück gewesen wäre, doch konnte man wegen des Bären hier nicht auf Füchse ballern. Er rührte das Schafluder überhaupt nicht an und schnürte nach kurzer Zeit das Bachbett hinauf. Eine halbe Stunde saßen wir noch, dann gaben wir auf.

Am nächsten Nachmittag ging ich alleine zum Ansitz. Der Luderplatz war leer, auch war das Schaf nicht angerührt worden. Da es noch sehr zeitig war, nahm ich lautlos Platz und vertrieb mir die Zeit mit dem Schreiben meines Jagdtagebuches.

Der Nachmittag verlief vollständig ruhig. Der Himmel bezog sich, es fing an, leise zu regnen, doch hörte der Regen schnell wieder auf. Die Luft war jedoch spürbar kühler geworden. Hoch über mir auf dem Grat bogen sich die alten Fichten unter dem Druck des Sturmes. Doch hier unten in der Kluft war vom Wind nichts zu merken.

Inzwischen wurde es dunkel. Ich musste mit dem Schreiben aufhören. Es war schon tiefe Dämmerung, als ich im Glas einen großen dunklen Fleck unter einer Jungfichte am Rande des Gegenhanges gewahrte. Mein Atem stockte. Doch ging meine Aufregung schnell vorbei, als ich den dunklen Fleck eingehender besah und feststellen musste, dass dies, was ich im ersten Augenblick als Bären angesprochen hatte, nur ein tiefer Schattenfleck war. Es war schon weit über sechs Uhr, es wurde mir auch sehr kalt. Der weitere Ansitz hatte keinen Sinn mehr, da man nichts mehr sehen konnte.

Am nächsten Tage weckte mich Ambrose aus meinem Nachmittagsschläfchen. Er erzählte, dass die eine Keule des Schafes in der Nacht angeschnitten worden sei, doch sicher nicht vom Bären; denn dieser hätte mehr davon gefressen. Als er das Luder kontrollierte, tat sich an ihm gerade ein Steinadler gütlich, vielleicht war er oder ein Fuchs der Täter gewesen. Unter solchen Umständen würde er vorschlagen, abends nicht zum Ansitz zu gehen und uns dafür den Hirschen zu widmen.

Gemäß diesem Entschluss zog ich dann am Nachmittag des 11. Oktober schon gleich nach Mittag zum Albu-Bach los. Der Abend versprach klares Wetter, wir hatten fast schon Vollmond. Ich wollte es am Ansitz so lange aushalten wie ich nur konnte. Es war schon herbstlich kalt hier oben in den Bergen; ich hatte mich warm angezogen und entgegen dem Rat von Ambrose auch einen Mantel mitgebracht. Als ich die Lehne hochsteigend zum Beginn des Pürschsteiges kam, sah ich einen Steinadler niedrig über dem Tal und dem Luderplatz kreisen. Ich duckte mich an einen Stamm und beobachtete den Greif, der majestätisch seine Kreise zog. Zwei Kolkraben, seine Begleiter, waren auf der Spitze einer hohen Fichte aufgeblockt und ließen von da aus ihr „klong-klong" ertönen. Sie waren an dem von mir gedeckten Tisch!

Am Ansitzplatz blies ein eisiger Wind, der von den Höhen des Omului herunterströmte und meine Knochen durchdrang. Wie klug ich doch war, einen Mantel mitzunehmen, ohne den ich das Ansitzen keine Minute lang ausgehalten hätte. Ich versuchte, mein Tagebuch zu schreiben, denn Wild konnte ich vorerst kaum erwarten. Doch musste ich damit nach einigen Minuten aufhören, weil meine Hände vollständig verklammten.

Ich fror fürchterlich und fand das Warten aussichtslos. Am liebsten wäre ich aufgestanden, um diesem Teufelsort den Rücken zu kehren. Unten am Luder war es fast vollständig dunkel geworden, so dass ich den schwärzlichen Fleck des Strauches und daneben links den noch dunkleren des Schafes auch mit meinem Nachtglas nur ahnen konnte. An diesen Strauch war das Luder mit den Drähten angebunden.

Ungeduldig wartete ich weiter. Zehn Minuten vor sechs aber verließ mich meine Geduld vollständig. Ich griff zu der in der Ecke lehnenden Büchse, um zu gehen. Doch hielt mich etwas zurück, ich beschloss bis sechs Uhr auszuharren. Dann blickte ich wieder zum Luder hinunter und verstand vorerst gar nicht, was dort passiert war. Ich sah rechts vom Busch eine andere gleich dunkle Masse. Ich konnte diesen zweiten dunklen Fleck nicht deuten, der dort ungehört aufgetaucht war. Mechanisch griff ich zum neben mir auf der Bank liegenden Glas. In diesem Augenblick bewegte sich die graue Masse und stellte sich breit. Der Bär war da! Endlich war er gekommen, die vielen Mühen nicht umsonst gewesen.

Ich sah nun, dass die große, dunkle Masse einen Schritt zum Luder tat und ein Stück herausriss. Dann nahm ich die Büchse zur Hand. Ich wollte mit dem Schuss keinen Augenblick warten! Inzwischen war jedoch der Bär zwei, drei Schritte zurückgetreten. Als ich ihn jetzt durch das Zielfernrohr suchte, stand er wieder spitz. Ich konnte bei dem düsteren Licht nicht sehen, ob von vorn oder von hinten. Obwohl ich das Fadenkreuz-Abkommen im vierfachen Zielfernrohr nicht sah, stellte ich fest, dass der Raum zwischen den drei dicken Balken des Abkommens vollständig vom Wildkörper ausgefüllt war. So konnte ich trotz der schlechten Sicht noch einen sicheren Schuss abgeben.

Einen Augenblick später stellte er sich wieder breit. Ich erkannte an den Umrissen des Wildkörpers, dass er mit dem Haupt dem Luder zugewandt stand. Und als ich zwischen den dicken Balken des Abkommens sein Blatt ahnte, berühre ich den gestochenen Abzug.

Ein gewaltiger, fast ohrenbetäubender Knall, ein starkes Mündungsfeuer, durch das ich sah, dass das Geschoss den Bären zu Boden warf und er mit den Branten um sich schlug. Ich repetierte mechanisch und schoss die zweite Kugel in die Mitte seines Rückens. Ich wusste, dass diese auch ins Leben ging, deswegen blickte ich nun durchs Glas, ob er sich noch bewegte, und als ich sah, dass er noch mit den Branten zuckte, gab ich ihm noch einen Fangschuss.

Ich sprang auf, lehnte das Gewehr in die Ecke, wusste vor lauter Freude gar nicht, was ich tun sollte! Der Bär lag, ich hatte meinen Bären geschossen, ich konnte es kaum fassen! Nach geraumer Zeit fiel mir ein, dass ich jetzt rauchen durfte. Nachdem ich einige Züge der Zigarette genossen hatte, kamen meine Nerven etwas zur Ruhe.

So viel wusste ich jetzt sicher, dass der Bär da unten ein starkes Exemplar war.

Immer wieder betrachtete ich ihn durchs Glas. Es fiel mir nun aber bei dem auf der Seite liegenden Wild die graue Farbe und insbesondere sein Haupt mit hellen Backen auf. Es war doch wohl nicht möglich, dass es eine Sau sein könnte? Nein, sicher nicht, nur ein Bär!

Ich wusste nun nicht, wie man vom schroffen Felsen hinunter zum Luderplatz kam. Gab es dort irgendeinen Steg? Ich versuchte es erst gar nicht, sondern ging den Pürschpfad zum Bach hinunter, um am Bachbett entlang zur Blöße mit dem Luderplatz wieder hinaufzusteigen. Als ob es eine Eingebung gewesen wäre, hatte ich heute ausnahmsweise einmal meine Taschenlampe eingesteckt, ohne deren Licht ich mir höchstwahrscheinlich meinen Hals gebrochen hätte.

Nach einem halsbrecherischen Turnen weitete sich die Welt plötzlich vor mir aus: Ich kam endlich zu der kleinen grasigen Lichtung. In diesem Augenblick roch ich auch schon den süßlichen Verwesungsgeruch des Luders. Nun war der Bär unmittelbar vor mir!

Ich war wohl davon überzeugt, dass keinerlei Leben mehr in ihm steckte, und doch legte ich meinen Bergstock zu Boden, nahm das Zielfernrohr von der Büchse, in die linke Hand die Taschenlampe, in die rechte die entsicherte Büchse, obwohl ich in dieser Finsternis einen Angriff des Bären zweifelsohne nicht hätte abwehren können.

Ich machte noch vorsichtig einige Schritte nach vorne, dann sah ich ganz nahe vor mir eine große graue Masse! Und was entdeckte ich im Schein der Lampe? Anstatt des erwarteten Bären – eine starke Sau!

Ich war eigentlich nicht so sehr enttäuscht, als ich sah, dass meine Beute ein uriger, gewaltiger Keiler mit sehr guten, völlig intakten Waffen war! Wirklich ein uriger Keiler, wie sie in den unendlichen Urwäldern der Karpaten wachsen, den gewiss kaum ein Mensch jemals in Anblick bekam.

Meine erste Kugel hatte ihn vor dem Blatt am Teller getroffen. Da der Keiler breit stand, ergab das Geschoss auch einen Ausschuss. Diese eine Kugel hätte wohl genügt, doch hatte ich richtig gehandelt, den „Bären-Keiler“ noch mit zwei Fangschüssen völlig zu sichern.

Dies war im Laufe meines Jägerlebens die erste und letzte Möglichkeit, einen Bären erlegen zu können.

Die hohe Zeit in den Ostkarpaten

Hirschbrunft 1972

Endlich ist es so weit! Am 19. September 1972 sitze ich mit Freund Hans in meinem VW, wir rollen durch die ostungarische Tiefebene gen Osten nach Siebenbürgen, in die Ostkarpaten zur Hirschbrunft.

Die Glückseligkeit, die in diesem schlichten Satz liegt, kann ich nur dann verständlich machen, wenn ich dazu ergänze, dass mich neunundzwanzig Jahre lang zu jeder Hirschbrunft die Sehnsucht nach den „ewigen Jagdgründen" verfolgt hat.

Gute Freunde hätten mich schon öfters gerne mitgenommen. Aber zu jeder Brunft hatte ich im eigenen Revier alle Hände voll zu tun, an die Karpaten war nie zu denken. Dann kam 1971, eine für mich sehr bittere Brunft, weil ich an die Hallen der Weltjagdausstellung gebunden war. Nun aber fahren wir in die Ostkarpaten, ein Wunschtraum scheint in Erfüllung zu gehen!

Nicht aber so für Freund Hans, der ein älterer und fleißigerer Karpatenjäger war als ich. Schon in den dreißiger Jahren fuhr er mehrfach in diese gesegneten Gefilde und ist im Laufe der letzten Jahre auch fünfmal in den Karpaten zur Brunft gewesen. So sehr ihm das Waidmannsheil in ungarischen Hirschrevieren hold war – er erlegte u. a. in meiner Begleitung auch den wundervollen Zwanzigender mit 14kg Geweihgewicht und 246.13 int. Punkten, der das Emblem der Weltjagdausstellung wurde –, so hatte er nie einen wirklich guten Karpatenhirsch erlegen können. Auch keinen während der Brunft 1971 im Marostal, wo er viel Wild, aber keine starken Hirsche vorfand und mit dem führenden Jäger weder sprachlich noch sonst zurechtkam. Nun konnte ich endlich mitfahren. Hans überließ mir auch bei der Auswahl des Revieres freie Hand, eine große Verantwortung!

Nach langen Besprechungen und Briefwechseln bot uns ein Jagdbüro zur Wahl drei Reviere an. Wer die Wahl hat, hat die Qual! Sie war für mich in diesem Falle sehr groß. Das eine Revier schied sofort wegen der weiten Entfernung in den östlichen Ausläufern der Karpaten aus. Das zweite war ausgerechnet dasselbe Revier, in dem ich seinerzeit jagte und von dem ich immer noch träumte. Das dritte aber wurde uns als besonders gutes Revier angeboten im Hinblick darauf, dass Hans als jahrelanger ständiger Jagdgast noch zu keinem guten Hirsch gekommen war.

Ich wählte das dritte Revier Covasna im Südostzipfel des Karpatenbogens. Der große Vorteil dieses Reviers bestand für uns auch darin, dass in dieser Gegend ein ungarischsprachiger Volksstamm, die Székler, ansässig sind, so dass ich mich dort gut verständigen konnte. Weiterhin gelang es mir durch einen meiner Kollegen, der zufällig mit dem leitenden Forstbeamten in Covasna bestens befreundet war, mit diesem eine direkte Verbindung aufzunehmen. So starteten wir nicht ins Blaue.

Wie aber so oft im Leben, kam zwischen Lipp' und Kelchesrand wieder etwas dazwischen. Meine allzu viel strapazierten Organe, Herz und Lunge, wollten nicht mehr mitmachen. Ich kam Anfang September ins Krankenhaus, zum ersten Mal im Leben, und dann ausgerechnet zur Hirschbrunft. Aber die Ärzte hatten Verständnis, sie waren auch Jäger. Sie konnten mich so weit aufpäppeln, dass ich starten konnte. Ich kam auch hin, aber die Höhenluft bekam mir schlecht. Ich konnte mich oben kaum bewegen, und diese langersehnte Zeit in den Ostkarpaten wurde für mich auch eine sehr saure Zeit. Doch davon später.

Bei strahlendem herbstlichem Sonnenwetter durchfuhren wir nach einer Übernachtung in Cluj – Klausenburg – die mit schmucken Dörfern und spitzen Kirchtürmen gezierte abwechslungsreiche Landschaft Siebenbürgens und erreichten nach insgesamt kaum vierundzwanzig Stunden Reise die Provinzstadt Sankt Gheorge im Südostzipfel des Karpatenbeckens. Da sollten wir beim Fremdenverkehrsamt vorsprechen, wo es eine geraume Zeit in Anspruch nahm, bis wir verständlich machen konnten, warum ein deutscher Gastjäger, in Istanbul ansässig, in einem VW mit ungarischem Kennzeichen und einem Ungarn in seiner Begleitung hier ankam.

Durch das fruchtbare Flachland des Székler Beckens fuhren wir weiter bis an den am Fuße der Gebirgskette gelegenen Kurort Covasna, wo uns Forstingenieur Csikós, der stellvertretende Leiter des Forstamtes, erwartete. Er war ein junger, stämmig-robuster Mann, guter Jäger und Organisator, wie wir feststellten. Die Hirsche schrien seit einigen Tagen, wir hatten die besten Aussichten.

Es ist eine alte bewährte Regel, zur Karpaten-Hirschbrunft um den zwanzigsten September anzukommen. Die Hochbrunft pflegt dann in den kommenden vierzehn Tagen zu liegen. Wenn man zeitiger da ist, stört man nur mit dem unvermeidlichen Herumsteigen im Revier, hat wenig Chancen, zu Schuss zu kommen und verstänkert die Brunftplätze.

Mit dem Forstingenieur fuhren wir die Serpentinenstraße zur Holzabfuhr in die Berge hinauf. Je höher wir kamen, umso mehr blieben die schon goldgelben Buchenbestände zurück. Sie wurden von düster-dunklen Fichtenwäldern abgelöst. Aber je höher wir kamen, desto schwerer fiel mir auch das Atmen. Da merkte ich, wie schwer ich mich in der Höhenlage bewegen konnte.

Wir erreichten eine auf einem Plateau in der Höhe von etwa 1 200 m gelegene größere Siedlung mit Sägewerk und Waldbahnstation. Von hier aus führten fast hundert Kilometer Waldbahnstrecken in die Täler und zwei, drei rumpelige Holzabfuhrstraßen in die Berge hinauf. Das Revier war damit gut erschlossen, man konnte viele Revierteile leicht erreichen. Die Höhenunterschiede blieben gering, da die höchste Bergspitze 1 720 m hoch ist und die meisten Kuppen und Rücken eine Höhe von nur 1 500 m haben. Mithin ist dieses Revier nicht schwieriger zu bejagen als ein Revier im Mittelgebirge.

Bei der Waldbahnstation ließen wir das Auto stehen und packten unsere Sachen in einen auf den Schienen rollenden Lastwagen, der nach kaum kilometerlanger Fahrt bei einem auf großer Wiese und auf sanftem Hang gelegenen Gehöft hielt. Das war das Haus des alten Jägers Lajos Farkas, der Hans führen sollte. Hier bezogen wir auch unser Quartier. Das war eine Enttäuschung. Man stellt sich eine Hirschbrunft in den Karpaten doch so vor, dass man, wenn schon nicht gerade in einer Koliba im Urwald hausend, so doch zumindest in einer Jagdhütte abseits im Walde wohnt.

Die Vorteile dieses Jagdquartiers konnten wir bald erkennen. Von hier an der Bahnstrecke und in der Nähe der Straßen war jede Ecke des Revieres zu erreichen, wo etwas los war und von wo etwa günstige Meldungen kommen würden. Und mit dem Schienenauto hatte es außerdem noch eine besondere Bewandtnis. Zwar stand uns zwecks Beförderung eine uralte schwarze Limousine zur Verfügung, aber oft war bei der Aus- oder Heimfahrt irgendwo die Strecke durch einen Lastzug blockiert, oder aber es kam der Fahrer aus unerfindlichen Gründen ein, zwei Stunden zu spät an. Aber die Zeit darf man in diesen gesegneten Landen, noch dazu oben in Berg und Wald, nicht so sehr genau nehmen.

Unser Quartier erwies sich als sehr bequem und blitzsauber. Wir wurden von der Frau des Jägers nicht nur verpflegt, sondern mit rührender Gastfreundschaft geradezu verwöhnt. Wir erfuhren auch vom Revier und seinem Wildbestand schon vor dem ersten Pürschgang.

Die Forstwirtschaft umfasst ein Gebiet von 36 000 ha Wald. Auf dieser Fläche steht dem Forst das Jagdrecht zu. Man schätzt den Rotwildbestand zur Brunft auf nicht mehr als 60 bis 80 Hirsche und das Doppelte an Kahlwild, also insgesamt etwa um 200 Stück Rotwild auf 36 000 ha. Sicher ist diese Schätzung sehr grob, ich kann mir kein Urteil darüber erlauben, ob sie stimmt. Natürlich konzentriert sich das Wild zur Brunft auf frische Schläge und junge Anbauflächen, wo es gute Kräuteräsung findet. Wir haben in Revierteilen mit mehreren Schlagflächen von einer Gesamtgröße von etwa 2 000 ha sechs bis acht Hirsche schreien hören, von denen drei sicher Platzhirsche waren. Hingegen habe ich es erlebt, dass in einem weiten Kessel von mindestens 2 500 ha sechs bis 15-

jähriger aufgeforsteter Fläche, also einem für meine Begriffe idealen Wildeinstand, ein einziger Hirsch seinen Einstand hatte. Dann gibt es überall riesige zusammenhängende Hochwaldpartien, in denen der Jäger zur Brunft nichts zu suchen hat, weil kein Rotwild darin steht. Es kann also schon stimmen mit dem angegebenen niedrigen Bestand!

Was gibt es an Raubwild, an Feinden, die den Bestand so dünn halten? Sehr viele Bären, wie es sie vielleicht noch nie gegeben hat. Doch ziehen sie sich zur Hirschbrunft wegen der Maisernte und des Obstfalles in niedrigere Lagen zurück. Meister Petz kann auch kaum als Regulator des Rotwildbestandes betrachtet werden. Ebenso wenig der Luchs, der höchstens gelegentlich ein junges Kalb reißt. Wölfe gibt es in dieser Gegend verhältnismäßig wenig. Die Gesamtjahresstrecke an erlegten und gefangenen Wölfen beträgt im langjährigen Durchschnitt drei bis vier Stück.

Es werden im ganzen riesigen Revier jährlich nie mehr als vier bis sechs Hirsche erlegt. Von einem Wahlabschuss kann kaum die Rede sein, da die Hirsche nach der Brunft zu finden ein fast aussichtsloses Unternehmen ist. Kahlwild wird nie erlegt. Auch von einer wirkungsvollen Fütterung des Hochwildes kann hier keine Rede sein.

Welches sind also die Faktoren, die den Wildbestand so niedrig halten? Das raue Klima und die Schäferhunde! Die Schafweide muss nämlich in bestimmten Waldpartien vielerorts zugelassen werden. Im Sommer durchstreifen die Herden in Begleitung von fünf bis sechs starken, zottigen Schäferhunden (zur Abwehr von Bär und Wolf) die Bestände. Man behauptet, dass diesen Hunden eine Vielzahl an Rotwildkälbern, Rehkitzen und Frischlingen zum Opfer fallen.

Die angebliche Verschiebung im Geschlechterverhältnis auf 1:2 soll davon herrühren, dass außer den erlegten Hirschen mehr Hirsche von Wölfen gerissen werden sollen als Kahlwild.

Sauen und Rehwild gab es in diesen höheren Lagen sehr wenig, dafür aber überall Auerwild, zwölf Balzplätze sind bekannt. Birkwild kommt – wie fast in den ganzen Ost- und Südkarpaten – überhaupt nicht vor. Auch das Haselwild ist nicht sehr zahlreich vertreten.

Wie schreien die Hirsche? Was hat man gehört oder vielleicht auch schon gesehen? Die Antworten verschaffen wenig Klarheit. Nach viel Regen in den vergangenen Tagen haben seit drei bis vier Tagen Hirsche verschiedentlich gemeldet, gesehen hat unser Jäger auch schon einen. Wie stark war er? „Vierzehnender!" – die Antwort!

Es wäre auch eine Zumutung gewesen, aus ihm genauere Einzelheiten herausquetschen zu wollen. Der alte, überaus redliche und liebenswürdige Mann war der typische Bauernjäger dieser Gefilde. Er besaß ein Anwesen, bestehend aus Weide- und Grasland, ein wenig Acker für Kartoffeln in der Talsohle, ein paar Stück Vieh. Er ist nebenbei seit Jahrzehnten schon Wildhüter. Ich kannte diesen Typ schon aus meinem ehemaligen Revier. Es sind Männer mit hervorragenden Revierkenntnissen, einem einmaligen, kaum glaubhaften Sinn für Fährten- und Spurenlesen, aber Hirschjäger sind sie nicht!

Sobald wir am Nachmittag unserer Ankunft unsere Sachen ausgepackt hatten und uns für die erste Pürsch rüsteten, bezog sich der Himmel, es begann zu nieseln. In den folgenden zehn „hohen Tagen" der Hirschbrunft bekamen wir die Sonne nur dreimal kurz zu sehen. Die Wolkenfetzen jagten ständig am Himmel, es herrschten Wind, Nässe und Nebel – ein miserables Sauwetter.

Zum ersten Abendansitz auf einem Schlag, auf dem ein Hirsch brunften sollte, und der in einem „nahe" gelegenen, leicht erreichbaren Tal lag, fuhren wir mit der Draisine hinauf. Der Schlag lag gut acht Kilometer von unserer Behausung entfernt. Ich blieb im unteren Teil stehen, weil das Herz nicht mitmachen wollte, und sah nur einem im Dämmerlicht jagenden Uhu zu. Hans und sein Begleiter hörten im Hochwald, der an den oberen Teil des Schlages anstieß, einen Hirsch zweimal grohnen und sahen einen dünnstangigen Rehbock.

Am nächsten Morgen schon kam unser Schienenvehikel, wie auch später fast immer, eine halbe Stunde zu spät. Ich konnte nicht mit. Konnte bei einer Fußpürsch keinesfalls mithalten. Unten beim

Haus stand dichter Nebel. Hans kam mit seinem Führer erst gegen elf Uhr zurück. Sie waren in einem Revierteil mit mehreren, gut verteilten Schlägen gewesen. Nachdem die Sonne spät morgens durch die Wolkendecke brach, fingen die Hirsche an zu röhren. Sie zählten acht Stimmen, allerdings auf verschiedenen Erhebungen, Lehnen und Schlägen, sahen zwei Hirsche, einen langstangigen, weit ausgelegten, aber noch jungen Kronenhirsch und einen noch viel jüngeren Eissprossenzehner. Keiner hatte Kahlwild bei sich. Ein Rudel hatte von ihnen Wind bekommen und war abgesprungen, ohne dass sie den Platzhirsch, der eine tiefe Stimme hatte, hätten sehen können. Die Hirsche schrien bis in den späten Vormittag hinein.

Nachmittags organisierten wir eine Expedition in einen anderen Revierteil mit großen Dickungs- und Kahlschlagkomplexen. Wir fuhren eine Holzabfuhrstraße mit dem Auto hinauf bis zu dem Ausgangspunkt des Aufstieges, wohin mir Freund Jagdleiter liebenswürdigerweise ein Reitpferd hinaufgebracht hatte. Ich wollte ja auch etwas sehen und erleben, konnte aber keine zehn Meter steigen. So blieb für mich als einziges Verkehrsmittel das Reitpferd in den Revierteilen, wohin man eins bringen konnte, zumal mich das Reiten – besonders bergauf – nicht sehr anstrengte.

An diesem Nachmittag stiegen wir einen durch Schläge steil hinaufführenden Pfad empor. Bei immer klarer werdendem Wetter eröffnete sich uns ein Blick, wie ich ihn seit Jugendjahren nicht mehr genossen hatte. Der Zauber der Karpaten!

Von einem kleinen Plateau aus konnte man einen riesigen Kessel über uns und die Lehnen des Schlages hinter uns bis zum Hochwald des Tales einsehen, besser „einhören“. Gegen fünf Uhr, die Sonne stand noch hoch, meldete weit über uns hinter dem von emporragenden Baumstümpfen gespickten Kamm überriegelt ein Hirsch. Dann konnten wir auf Kilometerentfernung eine Bewegung sehen, es zog äsend Kahlwild über den Kamm auf unsere Seite des Schlages. Drei – sechs – acht – zehn Stück. Gibt es denn so etwas in einem Karpatenrevier? Der Hirsch meldete noch immer überriegelt, dann kam noch ein Stück flüchtig über den Grat – ein

Sprengruf – und oben steht als Silhouette gegen den Himmel ein Klotz von einem Kasten, aber nicht ein Geweih mit einem Hirsch, wie ich dies daheim in Südungarn öfters erlebt habe, sondern umgekehrt: ein Hirsch mit einem Geweih. Es war hoch, aber steil und enggestellt mit kaum mehr als dreiendigen Kronen.

Der Hirsch schien alt und reif zu sein. Doch ich zweifelte, dass er es auf mehr als neun Kilo Geweihgewicht brachte. Die Stangen waren nicht sehr dick. Ich konnte mich aber auf diese weite Entfernung bei den ungewöhnlichen Dimensionen dieses Wildes getäuscht haben. Hans pürschte mit unserem Jagdleiter näher an den Hirsch. Sie bestätigten unser Ansprechen. Es wäre ein Fehler, diesen Hirsch am zweiten Tag zu schießen, unser Sinn stand nach Besserem.

Am nächsten Morgen, dem 22. September, goss es in Strömen. So mussten wir unseren Plan, in ein neues, entfernteres Revier zu gehen, aufgeben. Hans ging zum leicht erreichbaren Schlag von gestern Abend, kam aber zeitig zurück, ohne etwas ausgerichtet zu haben.

Nachmittags zogen wir wieder in diesen Komplex. Dort musste außer dem gesehenen noch mindestens ein anderes Rudel stehen. Ich ritt bis zu einem auf dem Grat zu dieser Jahreszeit schon leer stehenden Schafstall hinauf in die Nähe, wo wir gestern den Hirsch sahen. Der Wettergott meinte es nicht gut mit uns. Es blies ein eisiger Wind und trieb Wolkenwände mit Regenschauern vor sich her. Es war noch Nachmittag, als sich im oder hinter dem düsteren Fichtenaltholz in der abfallenden Lehne und Talsohle rechts von uns ein dreistimmiges Hirschkonzert entwickelte. Es waren ein sehr selten meldender Platzhirsch mit grölendem Bass und zwei Beihirsche mit lauten, klangvollen Stimmen. Der Wind erlaubte uns aber kein Eindringen in die Lehne. Wir hofften, dass das Wild auf die im weiten Umkreis des Schafstalles grünende Äsung ziehen würde.

Es war fast schon schummerig, als hinter dem links von uns aufsteigenden Wiesenhang ein Hirsch zu melden begann. Jetzt erst wurde mir klar, wo wir uns befanden. Es war dies der gestern gesehene Platzhirsch auf der fast genau gestrigen Stelle, nur befanden wir uns jetzt auf der anderen Seite des Grates. Es blieb noch genügend Büchsenlicht, dass Hans mit dem Jagdleiter den Hirsch anpürschen konnte. Er hatte neun Stück Kahlwild bei sich, ein in den Karpaten ungewöhnlich starkes Rudel. Auf dem Haupt ein nicht sehr dickes Leitergeweih mit ungeraden vierzehn Enden.

Für den nächsten Morgen machten wir einen großen Gefechtsplan. Hans sollte in den Revierteil gehen, wo vorgestern die acht Hirsche geschrien hatten und wo er einen starken Platzhirsch vermutete. Ich sollte aber mit dem Jagdleiter zu einem hochgelegenen Schlag hinaufreiten, wo er einen starken Hirsch auszumachen hoffte. Er sei in der vorjährigen Brunft dort gesehen worden. Das Wetter war aber miserabel, ich fühlte mich auch so, ich passte. Hans hatte eine Fehlpürsch gemacht und kam verdrossen heim, ohne etwas gesehen zu haben, Freund Jagdleiter aber hatte guten Anblick. Über ein flaches Tal hinweg sah er am Gegenhang im Schlag den brunftenden Hirsch mit seinen zwei Tieren.

Er war vom Hirsch hell begeistert, beschrieb das Geweih als sehr langstangig mit vielendigen Kronen und schätzte es auf 220 Punkte. Dort beurteilte man die Hirsche nach Punkten, nicht nach Kilo wie bei uns. Es sei einer der besten Hirsche, die er jemals gesehen habe, und er glaube nicht, einen besseren finden zu können.

Nach eingehender Lagebesprechung einigten wir uns auf einen Abendansitz am Brunftplatz für den nächsten Tag. Nachmittags, wenn man das Wild in guter Deckung sitzend am Brunftplatz in Ruhe erwartete, schien die Erlegung des Hirsches sicherer zu sein als morgens, wenn man beim Anpürschen das Wild am Brunftplatz leicht vergrämen konnte.

Am zeitigen Nachmittag waren wir unterwegs. Erst eine lange Fahrt auf den Schienen die Bachtäler entlang bis zur Endstation, einer Holzfällerbaracke. Mein Reitpferd hatte ein untersetzter, doch stämmiger Förster für mich heraufgebracht. Er war ein Reiter, das fiel mir sofort auf. Ich fragte ihn, wo er das Reiten gelernt hätte. Er habe seinerzeit im ungarischen Husarenregiment No. 4 in Nyiregyháza gedient und sei als Feldwebel mit der Husarendivision an der Front gewesen, war die Antwort. Sie verblüffte mich. Wir waren also Kriegskameraden aus derselben Einheit!

Der Aufstieg war im Bachbett hoch zu Ross etwas halsbrecherisch. Dann kamen wir auf einem verwachsenen Abfuhrweg in eine Lehne, die von einem etwa 1 600 m hohen Berg mit Krüppelfichten gekrönt wurde. Um uns herum ein riesiger Kessel, Fichten-Jungwuchs mit vielen kleinen Kuppen und Rinnen. Nach einem Steigen von ungefähr einer Stunde erreichten wir den obersten Teil des Beckens, wo sich ein frischer Kahlschlag rechts und links eines nicht zu tiefen Bachbettes an den endlosen, dunklen Fichtenhochwald anschloss. Dies war der Brunftplatz des Hirsches in unendlicher und ungestörter Waldeinsamkeit!

Fast wie zur Begrüßung kam ein gelangweilter Trenzer aus dem Hochwald unweit der Ecke, wo der Kahlschlag sich am tiefsten in den Wald einbuchtete. Wir beeilten uns, hinter Windwürfen gut gedeckt und unentdeckbar unseren Stand einzunehmen. Auch der Wind war für diesen Platz günstig. Sogar der Wettergott hatte ein Einsehen, es regnete nicht.

Endlich schien unsere große Stunde gekommen zu sein! Wir saßen auf gute Kugelschussdistanz vom Brunftplatz entfernt, auf den der bestätigte Kapitalhirsch herauszuziehen im Begriff war! Wir standen ganz nahe vor der Erfüllung des Traumes eines Jägerlebens, auch ich, der nur erleben, nicht schießen wollte! Es war noch heller Nachmittag, als nach einigen Sprengrufen das Wild in Bewegung kam. Das Wild stand vorerst noch halbrechts unter uns, zog aber, wie wir aus der Stimme feststellen konnten, parallel zum Schlagrand die Lehne zu uns herauf. Mit pochendem Herzen und fliegenden Pulsen erwarteten wir den aufregendsten Moment: das Erscheinen des Hirsches!

Die Sonne schien gerade durch eine Wolkenlücke auf den Waldrand, als nach einem rauen Kampfruf und wüstem Gepolter der Hirsch hinter seinen beiden Tieren erschien und flott in den Schlag hinunterzog. Auf gute 180 Schritte sprengte er das brunftige Tier laut röhrend.

Wahrlich ein König der Karpatenwälder! Ein starker Hirsch mit Ramsnase, ein Geweih mit einem Hirsch! Gewaltig lange Stangen mit einer geradezu unwahrscheinlichen, schwungvollen Auslage und breiten, vielendigen, gezackten Kronen.

Das Ende eines starken Hirsches greift mir immer ans Herz. Es ist ein zu schönes, erhabenes Geschöpf Gottes, um vernichtet, verlöscht zu werden. Die Trophäe ist nur ein kümmerlicher, toter Teil dieses kraftstrotzenden Lebens. Und doch möchte ich die Jagd auf den Brunfthirsch nicht missen.

Die schwere Kugel aus der 9,3 x 74-Kipplaufbüchse fasste ihn hochblatt. Blitzartig brach er zusammen, schlegelte. Neu geladen, aufgepasst, man kann nie wissen. Und wirklich wird er noch einmal hoch und versucht langsam zu ziehen. Die zweite Kugel wirft ihn zwischen das Gewirr der trockenen Äste.

Entgegen althergebrachter Karpatensitte schlugen wir zum Fotografieren am nächsten Morgen das Haupt noch nicht ab, waren aber am nächsten Tag beim Hellwerden mit Holzknechten, einem Paar Ochsen und den von ihnen gezogenen Schlittenkufen beim Hirsch.

Die Holzknechte bauten ein Gestell auf die Schlittenkufen, der Hirsch wurde mit Haupt verladen. Das Gefährt erreichte das Tal, ohne auch nur ein einziges Mal umzuwerfen.

Wir hatten nun noch gut eine Woche der hohen Zeit vor uns, auch noch einen zweiten Hirsch frei. Der sollte aber dem Erlegten nicht viel nachstehen oder zumindest ein ganz alter Hirsch sein. Darum widmeten wir uns in der Hauptsache dem Brunftplatz um den Schafstall herum, wo es uns die sonore Stimme des unbekannten Platzhirsches angetan hatte. Der Hirschjäger ist ja immer bereit, seine Zeit und Energie so tiefen, geheimnisvollen Stimmen zu opfern, die dann oft trügen, oder deren Besitzer sehr oft nie gesehen werden. Letzteres geschah auch in unserem Fall. Wir bekamen den Hirsch nie zu Gesicht.

An einem Nachmittag hätte es fast geklappt. Ich blieb mit meinem Pferd am Waldrand in der Nähe des Schafstalles, über mir auf der Lehne Weideland dicht mit Baumstümpfen übersät, während

Hans und sein Begleiter in den mit Jungwuchs bestandenen Kessel abstiegen, in welchem wir den Hirsch öfters gehört hatten. Es schrien auch zwei Hirsche, aber unsichtbar für Hans in der gegenüberliegenden Lehne des Kessels. Dem Röhren nach waren es Beihirsche. Am späten Nachmittag, Hans war noch nicht zu mir zurückgekehrt, hörte ich einen Hirsch oberhalb, von der Kuppe überriegelt, kurz anstoßen. Dann vernahm ich ihn nochmals näher und schon erschien ein weit ausgelegtes Kronengeweih oben am Kamm. Der Hirsch zog bedächtig, verhoffte oben spitz wie der Hubertushirsch und, ob er meinen Braunen wohl für ein Stück hielt?, röhrte zornig in den Talkessel hinein und zog dann langsam seitwärts in den Hochwald. Es war ein noch nicht reifer Hirsch mit sehr langen und weit ausgelegten, doch ziemlich dünnen Stangen und beiderseitig Dreierkronen.

Als Hans dann noch vor Schwinden des Büchsenlichtes zu mir stieß und wir den Hang hinauf heimwärts strebten, meldete plötzlich rechts von uns, ebenfalls überriegelt, auf der Weidefläche ziehend ein Hirsch mit grollender, rauer Stimme. Ich blieb im Sattel, Hans lief die Lehne hinauf und sah tatsächlich den Hirsch auf der anderen Seite des Grates heftig röhrend unstet umherziehen. Es war ein alter Hirsch, doch mit steilen, engen und kurzen Stangen und ungleichen Dreierkronen. In der rechten Krone zeigte er eine lange Gabel mit noch einem kurzen Ende. Die Eissprossen fehlten. Es war kein Hirsch nach dem Geschmack meines Freundes.

Zum Abschluss noch eine Episode – mein Abschied von den Karpaten.

Die letzten Septembertage, bekanntlich dort meistens die besten Tage der Hochbrunft, waren weiterhin kalt, regnerisch, unfreundlich. Die Hirsche schrien schlecht, in den letzten Tagen kaum mehr. Meldungen kamen keine, wir versuchten selber die Hirsche auszumachen, als ob man eine Stecknadel im Strohschober gesucht hätte.

Aus einer Entfernung von einigen Kilometern grüßte zu unserem Quartier ein Kahlschlag in einer ausnahmsweise mit Buchen bestandenen Lehne herüber. Es sollten dort zu Beginn der Brunft zwei Hirsche geröhrt haben, doch gesehen hatte sie niemand. Vom Haus aus war es auch mit dem Spektiv zu weit, um dort Wild auszumachen.

Am letzten Pürschmorgen, dem 30. September, organisierte ich einen Ritt zu diesem Schlag. Wolken und Nebel lagen über den Bergen, als wir vom Bachbett aus durch einen Hochwald die steile Lehne zum Schlag hinaufkletterten. Alles war wie ausgestorben, kein Ton weit und breit. So ritten wir denn in den Schlag hinein, in dem brauende Nebel wogten. Gleich beim Hochwald sprang ein Bock, der ein hohes, aber dünnes Sechsergehörn trug, schreckend vor uns ab. Es war der erste und einzige Bock, den ich gesehen habe. Dann stiegen wir weiter bergan, bis wir etwa in der Mitte des Schlages an einen Kessel kamen, der sich – jetzt schon nebelfrei – unter uns weit ausdehnte. Ein wundervoller Brunftplatz, in dem sich aber nichts rührte.

Dann öffnete sich in den wallenden Nebelschwaden eine Lücke nach oben dem Waldrand zu. Und in dieser standen am Saume des Hochwaldes auf kaum 150 Gänge drei Stücke breit auf dem Schlag. Vorne zwei Tiere und einige Schritte hinter ihnen der zweifach so starke Hirsch! Der Geweihte äugte zu seinem Wild hinunter, überhaupt keine Notiz von mir nehmend, der ich ganz frei auf dem Rücken meines Braunen saß. Ich sah das Geweih nur von der Seite und hatte den Eindruck von langen, dicken Stangen und vielendigen, breiten Kronen.

Ich hoffe, es ist glaubwürdig, was ich jetzt niederschreibe. Im Laufe des Vierteljahrhunderts meines Berufsjägerlebens habe ich in südungarischen Revieren viele Kapitalhirsche in Anblick bekommen, auch eine Reihe von Spitzenhirschen, doch nie einen Schimmer von Lust verspürt, sie selber zu schießen. Doch diesen Urwaldrecken im Hexenkessel brodelnder Nebelschwaden zu erlegen, wäre die Krönung eines langen und beschwerlichen Jägerlebens gewesen.

Der Anblick währte aber nicht lange. Ohne das gekrönte Haupt uns zuzuwenden, zog der Hirsch in majestätischer Ruhe seinem Wild nach und war nach einigen Schritten im Hochwald verschwunden. Am Abend setzten wir uns an der gleichen Stelle an, doch war vom Hirsch weder etwas zu sehen noch zu hören.

Der erste Oktobertag bescherte uns zur Abfahrt strahlenden Herbstsonnenschein. Unsere Zeit war abgelaufen. Wie mir später mitgeteilt wurde, meldeten auch in den folgenden Tagen die Hirsche nicht mehr. Es war eine sehr schlechte Brunft gewesen.

Doch wir hatten unseren Karpaten-Kapitalhirsch erbeutet, der nun unten im Forstamt „ausgepunktet“ wurde. Obwohl wir dies in bestem Einvernehmen durchführten, hinterließ die Sache einen etwas bitteren Nachgeschmack. Sie bestärkte mich in meiner Überzeugung, dass eine Verrechnung des Abschusses nach dem Gewicht der erbeuteten Trophäe, so wie wir dies in Ungarn halten, doch eine „geradere“ Sache ist. Wenn auch das spezifische Gewicht der Trophäe stark variieren kann, so gleicht sich dies bei mehreren Trophäen doch am Ende aus und es ist einwandfrei und unbestreitbar, was die Waage zeigt. Dagegen entstehen bei der Vermessung, insbesondere bei den Maßen der Stangenlängen, leicht Differenzen, die sich dann bei der subjektiven Vergabe der Schönheitspunkte noch zuspitzen können.

Die durchschnittliche Geweihstangenlänge unserer Trophäe betrug nicht weniger als 120 cm, die Auslage 118 cm, Gewicht mit großem Schädel 10,70 kg mit geraden 16 Enden. Da die Stangen im Verhältnis zu ihrer gewaltigen Länge nicht sehr stark waren, erreichte das Geweih nach unserer Bewertung rund 220 Internationale Punkte.

Mal macht man's richtig, mal macht man's falsch

Hirschbrunft 1973

Da es uns im Vorjahre in Covasna sehr gefiel, waren wir uns einig, dass man dabei bleiben müsste. Es ist immer von großem Vorteil, wenn man Revier und Leute schon kennt und kein Neuling im Revier ist. So wurde – Dank der Großzügigkeit von Freund H. – eine gemeinsame Fahrt zur Hirschbrunft (ich als Begleiter) in Covasna für 1973 wieder organisiert.

Die Organisation solcher Jagdreisen ist nicht einfach und mit viel Papierkrieg verbunden. Es funktionierte jedoch in diesem Falle alles reibungslos, da sowohl H. als auch das Jagdbüro G. die dortigen Verhältnisse kannten und nur eine Wiederholung der vorjährigen Abmachung notwendig war. Ich führte außerdem die Korrespondenz auf ungarisch mit Jagdleiter Csikós in Covasna, dem die Organisation der Jagd dort untersteht. Er teilte uns die erfreuliche Nachricht mit, dass im Revierteil Maricska, in dem sich viele Schläge und Brunftplätze befinden, für uns eine neue Jagdhütte erbaut wurde. H. hatte im Vorjahre dort öfters gepürscht und auch guten Anblick gehabt. Es schrien dort auf verschiedenen Schlägen mehrere Hirsche, aber ohne Jagdhütte war das Hinkommen zu beschwerlich und langwierig. Wir hatten deshalb vereinbart, dass dort eine Hütte gebaut werden sollte.

Die Anreise war nicht ganz einfach. Es musste alles genau vereinbart werden, da wir in entgegengesetzten Himmelsrichtungen wohnen: H. in Istanbul, ich in Budapest. Brasov liegt ungefähr auf der Mitte der Strecke in Siebenbürgen. Dort wollten wir uns treffen. H. flog bis Bukarest und nahm von dort ein Mietauto, mit dem er die etwa 180 km nach Brasov fuhr. Ich hatte jedoch keine passende Flugverbindung und fuhr daher mit dem Zug, dem Orient-Express, der am Abend des 19. September mit drei Stunden Verspätung im Nieselregen aus Budapest abfuhr.

Am nächsten Morgen befand ich mich schon in der Waldlandschaft des Siebenbürger Beckens. Der Zug hatte immer noch seine drei Stunden Verspätung, was mich aber nicht störte, da ich immer noch einen Vorsprung von mehreren Stunden vor H. hatte.

In Brasov quartierte ich mich vorerst im erstklassigen Hotel Carpati ein. Viele Hirschjäger, die im Süden Siebenbürgens auf Hirsch oder Gams jagen, kennen es. Ich machte nach einem Spaziergang in der schönen alten Stadt auch einen Besuch in der „Schwarzen Kirche", die mit wundervollen orientalischen Teppichen, noch aus dem Mittelalter stammend, behangen ist.

Zu meiner großen Freude und Erleichterung traf ich H. bei meiner Rückkehr in der Hotelhalle. Freude, weil wir uns seit der Bockjagd im Mai nicht mehr gesehen hatten, Erleichterung, weil ich mich als Gast eines Karpatenhirschjägers nicht mit den zur Bezahlung der Hotelrechnung notwendigen Devisen eingedeckt hatte. Wir feierten das Wiedersehen und die uns bevorstehenden Feiertage der „Hohen Zeit" mit einem ausgesuchten Festessen und Siebenbürger Weißwein.

Am nächsten Morgen wurde die Lage ernst. Wir starteten zur letzten Etappe der Anfahrt. Ich konnte nicht ahnen, was mir dieser Tag noch bescheren würde. Zunächst hatten wir allerdings noch den letzten Kampf gegen die Mühlen des Verwaltungsapparates zu führen.

In Rumänien müssen die ausländischen Jagdgäste im Büro des Touristenamtes Carpati in der Hauptstadt des Kreises – in diesem Falle Sankt Gheorge im Kreis Covasna – vorsprechen, wo sie mit den erforderlichen Papieren ausgestattet werden. Wir wurden dort auch mit dem Dolmetscher, Herrn v. B., bekannt, denn nach den Vorschriften muss ein Dolmetscher uns begleiten. Herr v. B. entpuppte sich als ein sehr angenehmer und auch jagdlich passionierter Begleiter.

In Covasna freudige Begrüßung seitens des Jagdleiters Csikós, Freund und Mithelfer aus dem Vorjahr. Die Hirsche schrien schon. Vorerst würden wir aber noch zwei, drei Tage in der kleinen Berg-Siedlung wohnen. Sie ist eine Forstzentrale mit Sägewerk und Endstation der etwa 90 km langen Waldbahnen. Kaum 500 Seelen wohnen hier. Wir sollten zunächst auf den nahegelegenen Schlägen jagen und uns für die „Expedition" in die Jagdhütte rüsten.

Wir bezogen in Commandau ein neues Quartier in der „Hauptstraße", nicht das beim Jäger Farkas außerhalb des Dorfes wie im Vorjahr. Auch dieses Quartier war blitzsauber und bequem, die Hausleute rührend um uns besorgt.

Und siehe da, alles war nicht nur vorbereitet, sondern auch pünktlich, eine seltene Sache in den dortigen seligen zeitlosen Gefilden. Im Gegensatz zum Vorjahr, als fast nie und nimmer etwas auf die besprochene Zeit da war, klappte heuer alles pünktlich auf die Minute.

Nachmittags ging H. mit dem Jagdleiter zu einem in der Nähe gelegenen Schlag, wo Letzterer einen Hirsch bestätigt und auch schon gesehen, aber nicht genau angesprochen hatte. Übrigens war dies der einzige Hirsch, der in der heurigen Brunft bis jetzt gesehen wurde. Es fehlt dort an verlässlichem, gutem Personal. Im riesigen Wäldermeer kennt man wohl einige gute Brunftplätze, auf denen mit größter Wahrscheinlichkeit ein Platzhirsch mit Rudel anzutreffen ist, doch gibt es außer dem Jagdleiter nur noch einen Förster, der jagdlich interessiert ist und der auch Gäste führen und mit Hirschen „umgehen" kann. Zum Bestätigen langt es weder an Zeit für diese beiden Forstleute noch ist dies bei den gewaltigen Entfernungen überhaupt möglich. Man versucht also notgedrungen, es mit dem Jagdgast zusammen „direkt anzupacken", in der Hoffnung, mit einem guten Hirsch zusammenzutreffen. Es ist aber auch in den Karpaten nicht ganz so, wie oft erzählt und beschrieben, dass man dort einen Hirsch einmal sieht und nie wieder. Dies kann für Wanderhirsche gelten, die auf Suche nach brunftigem Kahlwild sind. Aber diese Hirsche kann man in allen zusammenhängenden großen Waldgebieten antreffen, nicht nur in den Karpaten, auch in Südungarn und den Donau-Auen. Diese Hirsche sind naturgemäß nur einmal, und dann nur zufällig, vor Glas und Büchse zu bekommen, hier genauso wie dort. Wenn sich aber ein Hirsch bei einem Brunftrudel einstellt, so hält er diesen Einstand. Dort, wohin das Kahlwild zur nächtlichen Äsung zieht, ist auch der Brunftplatz, in den Karpaten genauso wie anderswo. Somit ist auch ein Karpatenhirsch zu bestätigen, was aus meiner weiteren Schilderung dieser einmaligen Brunft genau hervorgeht. Er ist fast noch leichter zu bestätigen als in vielen anderen Revieren, da das Rotwild dort zur Brunftzeit bevorzugt auf jungen, zwei-, dreijährigen, dem Auge fast noch kahl erscheinenden, mit Gras und niedrigen Brombeeren bewachsenen Schlägen äst. Dort muss man den brunftigen Hirsch mit seinem Rudel und Beihirschen suchen, nicht aber in alten, verwachsenen, verwucherten Schlägen. Hier hält sich das Wild ungern auf, weil es nicht die erwünschte gute Äsung an jungen Kräutern findet, es durch den dichten Bewuchs in seiner Bewegung behindert wird. Solche Schläge, die der unerfahrene Karpatenjäger als ideale Einstände und Brunftplätze bezeichnen würde, sind fast immer rotwildleer. Im riesigen Wäldermeer muss man, wie gesagt, die Brunftplätze auf den wenigen frischen Kahlschlägen suchen, die Tageseinstände im angrenzenden kühlen, feuchten Hochwald mit wenig Unterwuchs.

Da es aber nicht viele günstige Schläge gibt, kann man mit mehr oder weniger Bestimmtheit voraussagen, wo ein Brunftrudel anzutreffen ist bzw. in welchen Partien der riesigen Waldgebiete man einen Brunftplatz vermuten kann. Dies ist meine Erfahrung, die ich im Gebiet von Covasna gesammelt habe. Dort ist es gewiss so. Ähnlich lagen die Verhältnisse an der Goldenen Bistritz weiter nördlich in Siebenbürgen, wo ich im Kriege auch in zwei Brunftzeiten waidwerken konnte. Ich glaube auch, dass meine Feststellung für die meisten Karpatenreviere stimmt, man soll aber bekanntlich nicht verallgemeinern.

Wo man den Hirsch vermutet oder auch seinen Brunftschrei hört, ist er also, wenn er als Platzhirsch beim Rudel steht, leicht zu bestätigen und auch zu erlegen. Ich wage sogar zu behaupten, dass er leichter zu erlegen ist als viele Hirsche in den Wald-Feldgebieten der gesegneten Hirschgefilde Südungarns. Hier ist das Rotwild noch Tagwild, dort größtenteils schon zum Nachtwild geworden. Hier setzt man sich in sicherer Entfernung auf der gegenüberliegenden Lehne an, kann den Hirsch meistens bei gutem Büchsenlicht schon brunftig auf dem Schlag sehen und ansprechen. Im Flachland muss man den mit dem Kahlwild erst spät austretenden Hirsch belauern, oft nahe an ihn heranpürschen. Das genaue Ansprechen auf enger Schneise und bei schlechtem Büchsenlicht wird sehr oft noch äußerst schwierig.

In den Karpaten bereiten die großen Entfernungen bis zu den einzelnen Brunftplätzen erhebliche Schwierigkeiten. Hauptsächlich fehlt es an Personal zum Bestätigen der Hirsche. Wenn mir als Jagdleiter einige brauchbare Berufsjäger in diesem Karpatenrevier zur Verfügung stehen würden, so würden im Revier mit Sicherheit viele gute Hirsche in jeder Brunft erlegt werden wie in meinem einstigen Revier südlich des Plattensees. Nur wäre hier in den Karpaten die Hirschbejagung mit Sicherheit viel leichter als in den dortigen dichten Wäldern mit „Nachthirschen".

Da es aber meines Wissens in den Karpatenrevieren ohne Ausnahme an solcher Organisation mangelt, so ist der Jäger viel mehr auf Dianas Gunst angewiesen, besonders dann, wenn es um die Erlegung eines richtigen Kapitalhirsches geht. Denn Kapitalhirsche sind hier seltener als dort – und dort sind sie auch nicht allzu dicht gesät. Das ist allerdings auch gut so; denn das Waidwerk auf den Karpatenhirsch würde viel von seinem Reiz einbüßen, wenn der Moment der Unsicherheit, der Überraschung und des Dusels fehlen, der Jagdgast an fest bestätigte, „angebundene" Hirsche herangeführt würde.

Mich bat der Jagdleiter, am heutigen Abend zum nicht weit entfernten Schlag oberhalb des „Jägerbaches" zu gehen, um zu beobachten. Dies tat ich umso lieber, da ich im Vorjahr am letzten Morgen unter besonders packenden Umständen einen mit bloßem Auge zu erkennenden Kapitalhirsch gesehen hatte (siehe Bericht 1972). Es handelte sich nicht nur um einen in meiner Erinnerung besonders haften gebliebenen Hirsch, sondern auch um einen wunderbaren Brunftplatz. Dort könnte auch heuer etwas los sein!

Zur besprochenen Stunde, genau um vier Uhr nachmittags, standen die beiden Reitpferde mit einem Förster vor der Tür. Es war ein großes Hindernis, mich wegen meines allzu strapazierten Herzens in der dünnen Höhenluft nicht frei bewegen, geschweige denn steigen zu können. Wir ritten eine gute Stunde das Tal im Hauptbach – Baska genannt – die Waldbahnstrecke entlang, dann bogen wir in den „Vadászpatak" – zu Deutsch „Jägerbach" – ein. Aus dem Bachbett zieht sich eine sehr steile Steigung von etwa 300 m Höhenunterschied durch einen Hochwald, bis man auf den großen Schlag kommt. Unsere Pferde mussten sich anstrengen, uns den verwachsenen, schlammigen Pfad im Hochwald steil bergauf zu bringen. Im östlichen unteren Teil kamen wir auf den „Jägerschlag" hinaus, dort, wo ich im Vorjahr den einzigen Karpaten-Rehbock gesehen hatte. Dann ritten wir noch einige hundert Meter im Schlag bergan auf eine kleine Kuppe, von der man nicht nur die aufsteigenden Lehnen des Schlages, sondern auch die große Mulde einsehen konnte. Hier von diesem Platz aus sah ich im Vorjahr hoch zu Ross den Hirsch mit den gewaltigen Kronen und zwei Tieren links von mir, als sie in den Hochwald östlich des Schlages einzogen.

Und jetzt klappte es wieder. Kaum war ich abgesessen und hatte mich auf einen Baumstrunk gesetzt, kaum dass die Pferde in eine Mulde hinter mir geführt wurden, als ich in der entgegengesetzten Lehne über die Mulde hinweg ganz oben unter dem Grat im noch sonnenbeschienenen Teil des Schlages einen verdächtigen hellen Fleck wahrnehmen konnte. Das Glas zeigte einen starken Hirsch mit ausladendem Geweih, sehr langen Stangen und gewaltigen Kronen! Der Hirsch stand dösend im Sonnenschein auf dem kahlen Schlag.

Das Glas zeigte auch zwei Stück Wild, die in einiger Entfernung vom Hirsch ästen. Der Hirsch war im Gebäude doppelt so stark wie das Kahlwild! Weiter rechts, etwa dreihundert Gänge vom Brunftrudel entfernt, stand noch ein Tier mit Kalb äsend im Schlag. Beihirsche waren nirgends zu entdecken. Dann drehte sich der Hirsch langsam den Tieren zu, hob gemächlich das Haupt – die Kronen reichten wahrlich bis zu den Keulen – und ließ einen faulen, kurzen, abgrundtiefen Grohner ertönen. Es dauerte Sekunden, bis der Ton mich erreichte.

Himmel, war das ein Hirsch! Das Spektiv hatte ich zum ersten Ritt nicht mitgenommen, aber auch das siebenfache Glas zeigte ein gewaltiges Geweih! Die Stangen hatten in gutem Schwung eine große Auslage, die Kronen waren zackig und weit verzweigt. Wie viel Enden? Das konnte ich natürlich wegen der Entfernung nicht sehen, war aber von wenig Interesse. Es genügte mir, was ich sah. Der Hirsch hatte sicherlich vier, fünf gute Enden in jeder Krone, die Stangen schienen dick und stark zu sein. Wenn dies der Fall war, es an der Länge auch nicht fehlte, so hatte der Hirsch sicherlich gut über zehn Kilogramm Geweihgewicht und war einer Goldmedaille sicher!

Als ich die langen Stangen und die gewaltigen hellen Kronen von der Seite sah, war ich mir sicher, dass dies derselbe Hirsch sein musste, den ich ebenfalls mit zwei Tieren im Vorjahr auf demselben Schlag gesehen hatte! Ist das nicht eigenartig? In diesem riesigen Karpatenwald denselben Hirsch im Abstand von einem langen Jahr auf demselben Schlag wiederzusehen? Damals am letzten Tag, heuer schon am ersten! So hatten wir jetzt genügend Zeit und Muße, den Hirsch nicht übereilt, sondern mit allen Kniffen der Kunst zu bejagen!

Die Sonne war noch am Himmel, als ich mich behutsam zu den Pferden schlich, wir den Schauplatz, ohne gestört zu haben, noch in Helligkeit leise verlassen konnten. Mein Plan war schon gefasst. Morgen früh will ich nochmals alleine kommen, um zu sehen, ob der Hirsch noch draußen ist und wohin er einwechselt, um für den Abendansitz einen günstigen Platz zu finden. Eine alte Erfahrung hat mich gelehrt, dass es viel sicherer ist, den Hirsch mit dem Rudel abends beim Auswechseln auf den Brunftplatz am Ansitz zu erwarten, als ihn morgens anzugehen oder beim Einwechseln abzufassen. In den letzteren Fällen ist der Unsicherheitsfaktor, dass man Rudel beim Anmarsch in der Dunkelheit stört oder dass der Jäger in schlechten Wind kommt, viel größer als abends.

Es war schon sternenfunkelnde Nacht, als wir schließlich mit der freudigen Nachricht in unserem Quartier ankamen. H. hat keinen Anblick gehabt, „seinen" Hirsch aber bei Einbruch der Dunkelheit melden gehört.

22. September. Wir stehen um 3.30 Uhr auf, um nach einem heißen Tee loszuziehen. Oh Wunder, auch die Pferde sind pünktlich hier. Noch vor der Haustür stehend, hören wir den heiseren Schrei des Hirsches, auf den H. gestern ging und es heute wieder versuchen will.

Es ist sternenklarer Himmel, der Halbmond hängt am westlichen Firmament. Rechts auf den Hängen entlang des Baska-Tales melden zwei Hirsche, links einer, aber sehr weit entfernt. Die Brunft scheint gut und in vollem Gange zu sein. Oder gibt es hier heuer mehr Wild? Im Vorjahr hatten wir hier nie einen Ton gehört.

Im Nebental des Jägerbaches versuche ich, noch bei völliger Dunkelheit, den Hirsch zu verhören. Doch hört man von hier wegen des Rauschens des Baches und wegen des Hochwaldes, der am Steilhang zwischen Bach und Schlag steht, überhaupt nichts davon, was oben am Schlag vorgeht. So reiten wir einen alten Holzabfuhrweg hinan, der auf der unteren westlichen Ecke des großen Schlages in diesen mündet. Wir erreichen den Schlagrand noch bei Dunkelheit am unteren Teil der großen Mulde, die in der Mitte des Schlages liegt. Ich steige ab und lausche angestrengt in die dunkle Stille des Schlages hinauf. Da! „Oööh!" – nicht mehr, auf der anderen Seite der großen Mulde etwa in der Partie des Schlages, wo der Hirsch abends stand. Es ist nicht steil hier. Ein alter Pfad führt die Mulde hinauf, ganz langsam und gemächlich kann ich zwei-, dreihundert Schritte hinaufpürschen.

Da macht auch das Herz mit. Stören kann ich den Hirsch in dieser Situation nicht, auch der Wind zieht natürlich talwärts.

Auf einem Buckel, von wo aus die Mulde und der obere Teil des Schlages wie eine riesige Freilichtbühne vor mir liegt, setze ich mich hinter den Stamm eines gefallenen Baumriesen und ziehe das Spektiv aus, das hier eine gute Auflage findet. Der Hirsch schreit ab und zu, kurz, tief, nur einen Grohner. Auch jetzt hat er noch keinen Beihirsch, er ist Alleinherrscher auf dem Schlag. Es wird langsam hell, ich erblicke im Glas seine helle Figur. Der Geweihte zieht in einem Hang auf der mir entgegengesetzten Seite der riesigen Mulde in Richtung Hauptgrad dahin, wo er auch gestern Abend stand.

Sein Kahlwild ist nicht zu sehen, es muss oberhalb des Hirsches von hier aus überriegelt stehen. Wenn ich nicht bestimmt wüsste, dass er der gestrige ist, könnte man meinen, es wäre ein suchender Hirsch.

Inzwischen ist es auch für das wenig lichtstarke Spektiv hell genug geworden. Ich kann mir den Hirsch, der oft verhofft, ab und zu auch einen Grohner ausstößt, genau durch das Fernrohr aus einer Entfernung von etwa achthundert Metern ansehen. Ja, auch mit dem Spektiv zeigt er, was er durch das Fernglas hielt, dicke Stangen, bestimmt über zehn Kilo. Der Hirsch ist kapital, ohne Zweifel, und natürlich auch alt und reif. Den müssen wir strecken, wenn es klappt!

Ich will sehen, wo der Hirsch einzieht. Gegen sieben Uhr wechselt der Hirsch über den Grat des Ménesbérc. Der Buchenurwald mit seinen zerzausten Baumriesen verschluckt ihn und seine zackigen Kronen, die hoch oben über den langen Stangen wippen. Wir warten noch ein halbes Stündchen, bis vollständige Ruhe auf der Bühne herrscht.

Dann steigen wir auf und reiten durch die Mulde in den Schlag hinauf zum Brunftplatz des Hirsches. Ich will mich hier umsehen und für den Abend einen geeigneten Stand aussuchen. Dies fällt mir nicht schwer, denn es ist eine kleine Kuppe im Schlag etwa zweihundert Gänge unterhalb des Grates, wo der Hirsch einzog. Von da aus kann man mit der Büchse den ganzen oberen Teil des Schlages, wo der Hirsch gestern Abend und heute Morgen stand, beherrschen. Wir müssen nachmittags nur zeitig hier sein und auf den Wind achten.

Ein geeigneter Ansitzplatz ist leicht gefunden. Es liegen überall gestürzte Baumleichen, deren tellerartig senkrecht stehendes Wurzelwerk einen hervorragenden Platz bietet.

H. hatte eine spannende Pürsch, konnte zwei Platzhirsche beim Rudel ansprechen, doch war keiner von ihnen reif für die Kugel. Es waren beide Kronenhirsche vom siebten, achten Kopf mit Geweihen von etwa acht Kilo. Außerdem sahen sie einen jungen Beihirsch. Eine stattliche Anzahl Wild für eine Karpatenpürsch. Die Hirsche schrien gut, so konnte man sie auch angehen. Schwierig ist aber das Ansprechen, weil die Hirsche auch für ungarische Maßstäbe ungewöhnlich stark im Wildbret sind. Man überschätzt leicht das Alter und unterschätzt die Geweihe, die im Verhältnis zum Wildkörper „schwach“ wirken. Bei Alpenhirschen ist es umgekehrt, wie ich aus eigener Erfahrung gelernt habe.

Nachmittags sind wir schon um drei Uhr bei strahlendem Sonnenschein und tiefblauem Himmel unterwegs. Die Pferde haben wir zum Jägerbach vorausgeschickt, wir fahren mit der Draisine, der alten, ausrangierten schwarzen Limousine auf Stahlrädern. Es geht schneller und bequemer.

Vom Jägerbach reiten wir den Schlag hinauf zu unserem Ansitzplatz. Stundenlang sonnen wir uns dort hinter unserer Wurzel. Kein Ton ist zu hören, keine Bewegung zu sehen außer einem Mäusebussard, der hoch oben im blauen Äther seine Kreise zieht.

Die Sonne steht schon niedrig im Westen. Es ist noch eine halbe Stunde Büchsenlicht, aber kein Trenzer, kein Grohner aus dem Hochwald vor uns. Nichts rührt sich. Gestern um diese Zeit brunftete der Hirsch schon weit draußen im Schlag!

Dann erscheint links oberhalb von uns im dort höheren Brombeergerank das Tier mit seinem Kalb, das gestern auch abseits vom Rudel stand. Es äugt starr zu uns herunter. Ob es wohl unseren halben Wind hat? Es springt aber nicht ab.

Plötzlich ein heiserer Schrei, ein rauer, wilder Sprengruf. Heraus auf den Kahlschlag vor uns stürmen die zwei Tiere, dahinter der gewaltige Hirsch! Er ist kaum 120 Gänge von uns entfernt und erscheint aus dieser Nähe noch gewaltiger. Als der Hirsch breit verhofft, schlägt ihm das schwere Geschoss der Kipplaufbüchse 9,3 x 74R – die schon so viele starke Hirsche gefällt hat – durch die linke Blattschaufel. Es hebt den Hirsch schwerfällig nach vorn hinan, er stürmt einige Fluchten breit an uns vorbei, das Mal des Todes ist deutlich auf dem Blatt zu sehen. Die Büchse ist blitzschnell wieder geladen, im zweiten Schuss reißt es den hochflüchtigen Hirsch zusammen. Es wirft den gewaltigen Hirsch hin, dass es nur so kracht, er rührt kein Glied mehr. Nur die knorrige Stange ragt aus dem vergilbten Geäst empor.

Andächtig, entblößten Hauptes gehen wir zu ihm hinauf. Wahrlich ein gefällter König der Karpatenwälder! Durch eine saubere Kugel hatte er in seiner kraftstrotzenden Pracht ein schnelles, würdiges Ende gefunden.

Der erste Griff in die Stangen. Sie sind kaum zu umfassen. Es ist ein ungerader Achtzehnender, links fehlt die Eissprosse.

Wir haben alles richtig gemacht. In den folgenden Tagen machten wir es falsch.

23. September. H. zieht mit dem Jagdleiter schon bei Dunkelheit hinaus. Er will schauen, was in den Schlägen westlich der Siedlung los ist, dort, wo wir im vorigen Jahr öfters pürschten, fünf, sechs Hirsche hörten und drei auch sahen, wovon aber keiner für die Kugel reif und gut genug war.

Morgens hörten sie das Melden nur zweier Hirsche, bekamen aber nichts in Anblick. Es war eine anstrengende Pürsch mit schwierigem Anmarsch.

Ich ritt mit einer Gefolgschaft von vier Mann und zwei Pferden zum gestreckten Hirsch hinauf. Wie zu erwarten, war kein Ton im Schlag zu vernehmen. Der Beherrscher dieses wilden Kessels war gefallen. Wir hatten abends so viel Störung gebracht, dass sein Kahlwild sicherlich über alle Berge gezogen war.

In einer knappen halben Stunde war die Rutsche fertiggestellt. Die Pferde wurden davorgespannt und der Hirsch auf die Rutsche gezogen. Ich fürchtete um das Geweih, aber die Leute beruhigten mich: Es konnte nichts passieren. Unversehrt, ohne umzukippen, kamen wir mit dem Hirsch im Tale an.

Am frühen Nachmittag starteten wir zum Aufstieg in die Maricska-Hütte. Obwohl wir uns mit unserem Gepäck äußerst beschränkten, kamen doch stattliche, dicke Rucksäcke, Proviantsäcke u. a. zusammen. Es war ein großer Tross. Ein Reitpferd für mich, ein Packpferd, außer uns beiden der Jagdleiter, Dolmetscher B., Förster Peter, dem nicht nur die Aufsicht über diesen Revierteil, sondern auch über unsere zwei Pferde unterstand, und ein alter Székler, der den Hüttendienst versorgte. Eine wahre Expedition.

Der erste Teil der Strecke, etwa zwölf Kilometer, wurde mit der Waldbahn zurückgelegt. Wir hatten kaum Platz in der Draisine. Die Pferde wurden vorausgeschickt. Doch hatten sie heute ausnahmsweise eine Stunde Verspätung, da nach dem gelungenen Abtransport des Hirsches Förster Peter Anlass hatte, dies ausgiebig zu feiern.

Gleich vor dem Aufstieg trennten wir uns von H. und dem Jagdleiter. Sie wollten auf einen angeblich starken Hirsch in einem der unteren Schläge pürschen.

Wir anderen bewältigten den nicht allzu steilen und schwierigen Aufstieg in knapp zwei Stunden bis zur Hütte, die auf einer Pojana (Wiese) in der Höhe von etwa 1 200 m lag.

Die Maricska ist ein von tiefen Tälern mit Bachbetten umgebenes Massiv, eigentlich nur ein einzelner Berg in der Mitte des Reviers und etwa 1 500 m hoch. Größtenteils unterhalb der Kuppe und auf halber Höhe lagen ringsherum eine Reihe von Kahlschlägen mit frischen Kräutern und Brombeeren als ideale Äsungs- und Brunftplätze. Im Vorjahre hatte H., wie schon gesagt, hier öfters gepürscht und eine Anzahl Hirsche gehört, einige auch in Anblick bekommen. Da aber die Anfahrt zu weit, der Aufstieg von ein bis zwei Stunden zu beschwerlich war, konnte dieses beste Brunftrevier des Gebietes nur sehr selten bejagt werden. Deswegen entschloss sich die Jagdleitung, in diesem Jahr auf der Maricska eine Hütte zu bauen. Wir setzten große Hoffnungen auf dieses Revier, da in diesen Schlägen bestimmt mehrere Hirsche, darunter sicherlich ein bis zwei kapitale, brunften mussten. Wenn man in der Hütte wohnen konnte, so war die Jagd nicht beschwerlich. Zur

Hütte führten zwei Steige aus dem Tal aus verschiedenen Richtungen, die auch Schläge miteinander verbanden, und ein horizontaler Viehsteig, auf dem man pürschend sogar vier hintereinanderliegende Schläge begehen konnte.

Weder H. noch ich kannten uns hier jagdlich richtig aus. So kam es denn, dass wir – von der Hütte aus operierend – in drei Tagen die Brunft im ganzen Revierteil vollständig gestört hatten. Die Hütte lag nämlich falsch. Wir machten zu viel Betrieb, der größte Fehler, den man bei der Karpatenbrunft überhaupt machen kann. Und das kam so.

Wir hatten unser Gepäck kaum abgelegt, als wir wegen der vorgeschrittenen Tageszeit schon aufbrechen mussten. Peter und ich – hoch zu Ross – in den großen Schlag gegenüber der Hütte, Dolmetscher B. auf den horizontalen Steig zu den „hinteren Schlägen".

Peter führte mich vom Hauptsteig drei-, vierhundert Meter in den Schlag hinunter, von wo wir mitten im Schlag, auf einer Kuppe sitzend, guten Rundblick hatten. Der Schlag ging tief in die Lehne zwischen hohen Fichtenbeständen hinunter, im unteren Teil befand sich ebenfalls eine hohe Kuppe.

Kaum hatten wir es uns bequem gemacht, als in halber Höhe des Schlages unter uns ein Hirsch mit mittlerer Stimme meldete. Er war aus dem Hochwald im Ausziehen begriffen und trat auch nach einiger Zeit etwa fünfhundert Gänge unter uns aus. Er war allein.

Ein sehr guter Hirsch! Ganz dunkles Geweih mit leuchtend weißen Enden. Dann sehr lange Stangen und gute Kronen, mit gutem Schwung weit ausgelegt. Alles in allem ein dem gestern erlegten täuschend ähnlicher Hirsch.

Er zog langsam, ab und zu knörend, auf dem freien Schlag näher die Lehne hinauf auf uns zu. Die Stangen waren auch dick. Ich konnte Hirsch und Geweih ganz genau ansprechen. Ich hatte den Eindruck, dass der Hirsch nicht so bullig in der Figur war, vielleicht nur acht- bis neunjährig. Aber wer will das schon bei einem Karpatenhirsch genau sagen. Mir fällt es schon bei einem Ungarhirsch, mit dem ich doch viel größere Erfahrung habe, äußerst schwer zu sagen, ob ein Hirsch acht- bis neunjährig oder zehn- bis elfjährig ist!

Der Hirsch zog, hie und da meldend, beängstigend näher. Ich konnte sogar feststellen, dass ihm rechts die Eissprosse fehlte. (Das Fehlen der Eissprossen ist sehr häufig bei Karpatenhirschen.) Dann verhoffte er und windete argwöhnisch. Himmel, jetzt bekam er Wind von uns, weil der Luftzug küselte. Wir vergrämten ihn! Er wendete und trollte voller Argwohn den Wechsel zurück, woher er gekommen war.

War es nun ein Platzhirsch, ein suchender Hirsch oder ein Beihirsch? Der Jagdleiter meinte, es sei der Beihirsch eines starken Platzhirsches, auf den sie gegangen waren und den sie weit unterhalb des Schlages nur gehört hatten. Ich hatte hingegen den Eindruck, dass der Hirsch sein Tier oder seine wenigen Tiere im Hochwald ließ und nur eine „Runde" auf dem Schlag machte. Ich wurde in meiner Ansicht dadurch bestärkt, dass er noch abends, nachts und frühmorgens vom Schlag ab und zu meldete, bevor er durch den Hüttenlärm und Feuerschein auf der gegenüberliegenden Lehne und durch das Benutzen des am oberen Teil des Schlages entlangführenden Verbindungsweges durch H. und seinen Begleiter spätabends und frühmorgens – also in den allerkritischsten Zeiten – endgültig vergrämt wurde.

H. kam ziemlich erschöpft in der Hütte an. Seine Morgen- und Nachmittagspürsch waren gleich beschwerlich gewesen, sogar das Mittagsschläfchen war heute ausgefallen, und abends musste er noch bei Dunkelheit zur Hütte aufsteigen. Eine ganz beachtliche Leistung, auch für einen trainierten Sportsmann, besonders, wenn man über sechzig ist. B. hatte in einem Schlag vom Horizontalsteig einen spärlich meldenden, allein stehenden Mittelhirsch gesehen.

Wir machten es uns schnell in der Hütte bequem. Mit H. wohnten wir im kleineren Zimmer, unsere Begleiter im größeren. Feldbetten waren genügend da. Gekocht wurde auf einem Eisenherd im Freien vor der Hütte – wegen Platzmangels in den Räumen. Viele Nägel wurden in die Balkenwände zum Aufhängen der Sachen eingeschlagen. Die Pferde liefen frei auf der Weide. Es gab hier kaum Wölfe. Die Bären waren alle unten in der Nähe der Feldfrüchte und der Obstbäume versammelt.

24. September. Für den Morgen machten wir wieder einen Großplan zum Auskundschaften des Reviers, beziehungsweise zum Ausmachen eines möglichst guten Hirsches. H. hatte ja schon seinen Kapitalhirsch, als zweiten mochte er keinen schlechteren, ja möglichst einen besseren schießen. Wir marschierten wieder getrennt. Das war hier falsch; einen Karpatenhirsch kann man durch Laufen nicht erzwingen! H. ging mit dem Jagdleiter wieder in die unteren Schläge. Es wurde dort ein Kapitalhirsch vermutet. Worauf aber diese Vermutung des Jagdleiters basierte, blieb unklar. „Es soll dort ein Kapitalhirsch in einer der vergangenen Brünften gesehen worden sein!" H. musste also erst durch den „Hüttenschlag", wo heute früh bei Dunkelheit immer noch der gestern gesehene Hirsch, der angebliche Beihirsch des Kapitalen — Himmel, was für einer müsste der sein, wenn sein „Adjutant" schon zehn Kilo auf dem Haupt trägt – ab und zu meldete.

B. wollte wieder in die östlichen Schläge am „Wanderweg" gehen, ich sollte mit Peter in einen Schlag hinüberreiten, der auf der anderen, der nördlichen Seite der Maricska gegen das Haupttal abfiel.

Wir gingen, d.h. ich ritt, einen verwachsenen Pfad die sehr steile Lehne im Hochwald hinunter. So ein Ritt bergab ist alles andere als erquicklich. Zudem schlagen und schnellen mir im Dunkeln ständig herabhängende Fichtenäste ins Gesicht und streichen meinen Hut ab. Gut, dass Peter zu Fuß vor mir geht, er kann ihn mir wieder hinaufreichen. Wenn ich absteigen müsste, könnte ich kaum wieder selbst aufsitzen, so knapp ist mir die Luft. Es ist schon eine Schinderei!

Dann endlich hörten wir irgendwo unter uns einen Hirsch melden. Es wurde auch allmählich hell. Dann sagte Peter, wir seien in gleicher Höhe mit dem Hirsch kaum hundert Meter vom Waldrand, ich solle absitzen und von hier aus pürschen. Es war eine Wohltat, wieder festen Fuß zu fassen. Ich konnte langsam und bequem an den Hirsch heranpürschen, der nun Schlag auf Schlag draußen röhrte. Vorerst konnte ich aber nichts sehen. Drüben im

Schlag stand eine mit niedrigem Buschwerk und überall herumliegenden Baumleichen und Wurzelwerk bedeckte Kuppe, von deren anderer Seite der Schrei gedämpft herüberklang.

Dann erschien plötzlich ein Stangenpaar gegen den hellen Himmel auf der Spitze der Kuppe, dann stand er wie der zum Leben erwachte Hubertushirsch oben am Kamm mir zugewandt. Nur das Kreuz fehlte zwischen den Stangen. Es waren keine hundertfünzig Gänge, ich sprach ihn mit dem 7 x 50-Glas genau an. Vier oder fünf Enden in den guten Kronen, nicht übermäßig lang, auch nicht sehr dick, beiderseits fehlten die Eissprossen. Mittelalter Hirsch, auf keinen Fall schwerer als acht Kilogramm, also nicht das, nach dem unser Sinn steht. Der Hirsch wechselte zurück, wir konnten uns, ohne gestört zu haben, absetzen.

Im Tal, im unteren Teil des Schlages, meldete noch ein Hirsch. Es ist noch früh, wir könnten ihn noch draußen erblicken, wenn wir uns beeilten. So gingen bzw. ritten wir einen Pfad inmitten des sehr steilen Schlages hinunter, hörten aber keinen weiteren Schrei und sahen auch kein Stück Wild mehr im Schlag.

Durch einen Hochwald mussten wir nun eine steile Lehne hinan und kamen auf der anderen Seite der Maricska in die Schläge, durch die der „Wanderweg" führte. Die Sonne stand schon hoch, nichts war weit und breit mehr zu sehen oder zu hören. Kein Wunder nebenbei: Freund B. war morgens gepürscht und hatte auch zwei Hirsche gehört, doch nichts gesehen. Er war gestern Abend und heute Morgen zweimal hin- und zurückgegangen, dann kamen noch wir. Das ist nach meiner Karpatenerfahrung mehr, als was das dortige Wild an Menschenwittrung und Störung verträgt.

H. kam mit dem Jagdleiter auch abgekämpft gegen zehn Uhr an der Hütte an. Sie hatten einen beschwerlichen Ab- und Anstieg, sahen nichts und hörten nur einen Hirsch in der Gegend des unteren Teiles des „Hausschlages" melden. Der Jagdleiter meinte unentwegt, der von mir gesehene Hirsch sei der Beihirsch des Kapitalen, welcher seinen Brunftplatz nun zum unteren Teil des „Hausschlages" verlegt hätte. Nachmittags wollte er es dort mit einem Daueransitz versuchen.

Tagsüber lagen wir teils auf den Betten, teils aber auf dem Rasen vor der Hütte und reckten uns wonnig im herbstlichen Sonnenschein. In der klaren Gebirgsluft konnte man die über dem weiten, tiefen Haupttal auf mehrere Kilometer gegenüberliegenden, mit Jungwaldpartien und Schlägen bestandenen Nordhänge des 1 600 m hohen „Gór“-Berges einsehen.

Dort rechts oben unterhalb der Baumgrenze hatten wir im vergangenen Jahr den Kapitalhirsch erlegt. Was heuer dort los war, wusste keiner von uns, denn niemand war bisher in diesem Revierteil zum Verhören und Bestätigen gewesen. Das wurmte uns natürlich sehr, da aus der gewaltigen Entfernung ab und zu die verschwommenen Tonfetzen von Hirschrufen herüberklangen. Doch vorerst mussten wir bleiben. Unserer Schätzung und dem Verhören nach mussten mindestens sechs bis acht Brunfthirsche im diesseitigen Revierteil der Maricska stehen, von denen wir nur drei bisher ansprechen konnten.

Abends gingen wir gemeinsam in den unteren Teil des „Hausschlages“, wo der Jagdleiter den Brunftplatz des sagenhaften Kapitalhirsches vermutete. Wir fanden einen wunderbaren Platz auf einem spitzen Kegel in der Mitte des Schlages. Steil fielen die mit Brombeeren und allerhand Geröll übersäten Lehnen ringsherum zum Fichtenhochwald hinunter, dessen Rand nirgends weiter von uns als einen langen Kugelschuss entfernt lag. Es war einsam hier, alles vollständig ungestört, abseits gelegen, es roch buchstäblich nach Hirsch und Bär. Doch nichts rührte sich. Beim Heimgehen stolperten wir wieder über den Schlag. Kein Wunder, dass in der Nacht der Hirsch im „Hausschlag“ nicht mehr meldete.

25. September. In der sternklaren Nacht war um die Hütte herum nichts zu hören. Der Jagdleiter meinte, es sei wegen der Wärme und der schönen Sonnentage. Aber das hielten wir nur für eine Ausrede. Die hiesigen Jäger waren sich vielleicht gar nicht darüber klar, wie ungemein vorsichtig man mit dem Karpatenwild sein musste. Es reagierte ungleich mehr und leichter auf jedwede ungewohnten Laute und menschliche Wittrung in den Einständen und Brunftplätzen.

Wir waren vorläufig am Ende unserer Weisheit. Zurzeit hatten wir hier keinen Hirsch zu bejagen. Ohne einen besseren Plan gingen wir also in den „Hausschlag“. Der Hirsch wurde heute Nacht überhaupt nicht gehört, schwieg auch bei Dämmerung. Der Schlag schien leer. H. pürschte mit dem Jagdleiter weiter hinunter auf den vermuteten Kapitalhirsch, ich blieb und sah und hörte nichts.

Auch am „Wanderweg“ war nichts los gewesen, H. sah und hörte auch nichts. Diese Seite der Maricska schien also hirschfrei zu sein. Wir hatten es fertiggebracht, das Revier in drei kurzen Tagen leerzurennen! Das Musterbeispiel, wie man in den Karpaten nicht jagen soll. Doch zu unserer Entschuldigung: Wir kannten die Gegebenheiten dieses Revierteils zu wenig und waren, einmal hinaufgezogen, an die Jagdhütte gebunden. Von dort verstänkerten wir beim Versuch des Bestätigens systematisch alle Brunftplätze. Das Totalergebnis zeigte sich schon am zweiten Tage!

Hingegen war drüben im „Gór“ eine gewaltige Brunft. Fast den ganzen Tag lang kamen verschwommene Schreie herüber.

Ich wollte hinüberreiten, um zu erkunden, doch H. ließ es nicht zu. Diesseits waren es mindestens sechshundert Meter Abstieg ins Haupttal, dann wieder fünfhundert hinauf und alles wieder zurück. Wahrlich eine Schinderei, zu viel für ein strapaziertes Herz. Zehn Jahre früher hätte mich nichts davon abbringen können.

So ritt der Jagdleiter, ein robuster, kraftstrotzender junger Gebirgler, allein hinüber. Um zwölf zog er aus und war lange vor uns noch bei Büchsenlicht wieder zurück. Denn drüben war der Teufel los! Auf dem Buckel im Gegenhang des Kahlschlages angekommen, der dort der Hauptbrunftplatz ist, und ebendort, wo wir im Vorjahr den Hirsch streckten, sah er vor sich wie in einer Arena nachmittags um drei Uhr einen tollen Brunftbetrieb. Um den Platzhirsch mit zwei Tieren, einen langstangigen und starken alten Vierzehnender, tollten und tobten nicht weniger als sechs Beihirsche, fast alle Kronenhirsche. Seiner Ansicht nach war der Platzhirsch hochjagdbar. Darum machte er sich schnellstens, ohne gestört zu haben, hinter dem Buckel auf die Socken und eilte mit der Freudennachricht zurück, wieder drei Stunden Ritt.

Abends große Besprechung der Lage. Wir müssen hinüber! Wie in solchen Fällen praktisch, mit Tagesproviant, um, wenn es morgens nicht klappen sollte, den ganzen Tag in der Nähe des Hirsches zu verbringen. Es ist ein gut bewährtes Prinzip der Jagd auf den Urhirsch: dranbleiben! Er kann hier im ungestörten Urwald auch tagsüber austreten, man stört nicht mit dem lästigen An- und Abmarsch.

Der „Gór"-Berg ist eine etwa 1 600 m hohe spitze Kuppe über der Waldgrenze, die etwa 1 400 m hoch verläuft, mit Almen und Latschen. Doch Gams gibt es in diesen eher Waldbergen als felsigen Hochgebirgen nicht. Die berühmten Gamsreviere des Retezat und Fogaras bis 3 400 m Höhe und schroffem Hochgebirge liegen weiter westlich von hier.

Die Nordhänge des „Gór"-Berges, die sich uns gegenüber ausbreiten, wurden nach und nach abgeholzt. Die Dickungen und Schläge ziehen sich bis zur Waldgrenze hinauf. Im Nordhang und in diesen Höhen wachsen reine Fichtenbestände mit Jungwuchs. Der Großteil ist schon mit mannshohem und noch höherem Jungwuchs bestanden. Es sind bestimmt Flächen von insgesamt 700 bis 800 ha. Eigenartigerweise ist hier nicht viel los. Das Wild hat in diesen Dickungen weder Brunftplätze noch Einstände.

Der Haupt-Brunftplatz liegt rechts oben am Rande des von da an schier endlosen Hochwaldes, ein frischer, zwei- bis dreijähriger Schlag entlang eines Seitentales. Man kann, ohne zu stören, bis zum Rücken auf der Nordseite des Tales überriegelt hinaufpürschen. Dann liegt der von Fichtenriesen von drei Seiten umrandete kahle Schlag in einer Ausdehnung von etwa 200 x 400 m vor der Mündung der Büchse. Ein idealer Platz zum Anpürschen als auch zum Ansitz. Ebenda brunftete heuer wieder der Platzhirsch auf diesem kleinen Kahlschlag, wo der vom Vorjahr stand! Eigentlich müsste es jetzt wieder klappen!

26. September. Unsere „Expedition" startete um halb vier Uhr beim Licht der funkelnden Sterne von der Hütte. Es dauerte eine gute Stunde, bis wir das Bachbett erreichten. Der Ritt war bequemer, als ich befürchtete, weil wir einen Pfad benutzten, der über

Schläge und nicht durch finsteren Hochwald mit seinen tückisch herabhängenden Ästen führte. Dann mussten wir durch das mit Steingeröll übersäte Bachbett und die andere Seite weg- und steglos steil hinauf. Ich kannte die Stelle vom Vorjahr, auch bei Tageslicht ist es eine halsbrecherische Angelegenheit. Der weitere Anstieg war dann bequem, wir benutzten eine verwachsene alte Spur, die im Fichtenjungwuchs die Lehne schräg hinaufführte.

Es fing schon an zu dämmern, als wir hielten. Ich kannte die Stelle vom Vorjahre. Hier mussten die Pferde bleiben. Weiter ging es nicht mehr, ohne zu stören. H. und der Jagdleiter pürschten von hier zum Buckel hinauf, von wo aus sie den Brunftplatz übersehen konnten. Ich musste vorläufig bleiben, weil ich zu Fuß nicht mitmachen konnte.

Vorerst war bei erster Dämmerung in der ganzen riesigen Lehne nichts zu hören. Das bedeutete aber nicht, dass drüben auf dem Brunftplatz keine fünfhundert Gänge von hier doch im tiefen Kessel und von hier durch den Nebengrat überriegelt nicht das tollste Brunftkonzert im Gange sein könnte. Die beiden konnten den Grat kaum erreicht haben, als halblinks unter mir auf einem kleinen Buckel, der mit zimmerhohen Fichten schütter bestanden ist, ein Hirsch anstieß. Die Stimme war gut, er begann jetzt flotter zu schreien.

Meine Sache war leicht. Ich brauchte nur einige Schritte den Steig weiter hinaufzugehen und erblickte den Hirsch sofort. Er stand keine hundertfünfzig Gänge unter mir auf einem kleinen Rücken zwischen den Fichten und schrie in den anbrechenden Morgen hinein. Etwa zwanzig Gänge weiter unten erblickte ich Rücken und Spiegel eines Stückes.

Der Hirsch stand breit, zeigte mir die Flanke und präsentierte das Blatt. H. aber war fort, ich konnte ihn auch nicht zurückrufen. Der Hirsch war nicht von schlechten Eltern! Das Geweih war zwar nicht so sehr ausgelegt wie das der meisten Hirsche hier, auch nicht so sehr lang, doch bestimmt länger als 110 cm, dicke braune Stangen und mindestens vier lange Enden in beiden Kronen. Dieser Hirsch hatte auch keine Eissprossen.

Wenn H. hier wäre, stünden wir vor einem großen Dilemma. Der Hirsch ist alt und reif, hat gut seine zehn Kilo, wenn nicht mehr, die Goldmedaille wäre ihm auch sicher (sie ist ja bei der Internationalen Formel ziemlich niedrig für Karpaten- und Ungarnhirsche begrenzt). Doch H. möchte nach der Erlegung des ersten Hirsches noch einen besseren Hirsch. Der da oben, den der Jagdleiter bestätigen konnte, soll besser sein. Gut, dass H. nicht da war! Ich hätte ihn zum Schuss überredet.

Das Tier setzte sich nach unten in Bewegung, der Hirsch zog ihm röhrend nach. Er war allein, hatte keinen Beihirsch. Vielleicht war er mit seinem Tier nur zur Äsung in die Nähe des Kahlschlages gezogen, wo der große Brunftbetrieb herrschte, hielt sich aber wohlweislich abseits.

Ab und zu röhrend, zog er in das Bachbett hinunter. Ich konnte ihn noch erblicken und beobachten, wie er über den Bach in den Hochwald des Gegenhanges einzog.

Dann hörte ich weit an der anderen Seite des Schlages, besser gesagt des Jungwuchses, der dort fast schon haushoch ist, eine Stimme. Ich konnte die Richtung anpeilen und erblickte einen im Gebäude sehr starken, hellen Hirsch, der schräg bergan zog. Die Entfernung betrug bestimmt eineinhalb Kilometer. So konnte ich den Hirsch auch durch das Spektiv nicht richtig ansprechen. Er zog alleine, ab und zu röhrend, in den Schonwald unter der Spitze des „Gór“.

Bei H. fiel kein Schuss. Aber als ich höher stieg, hörte ich verschwommen Schreie hinter dem Grat. Ich konnte mich bis zur Kuppe hinanpürschen, wo ich mich den beiden anschloss. Sie saßen wie in einer Loge, unter und vor ihnen, rechts und links der Kahlschlag.

Mitten im Schlag, auf keine zweihundert Schritt, saß ein Hirsch im Bett und schrie ab und zu sehnsüchtig gegen den Hochwald, der den Ton hin und her warf.

Es war ein mittelalter Kronenzehner im Alter und der typischen Attitüde des Beihirsches. Auch er hatte keine Eissprossen, aber Wolfssprossen und darüber beiderseits quergestellte Gabeln.

Rechts unten im Hochwald meldete ein anderer, der Stimme nach ebenfalls Beihirsch, aber halblinks oben im Hochwald in Luftlinie keine drei-, vierhundert Meter von uns, eine ganz faszinierende Stimme, ab und zu nur ein abgrundtiefer Grohner, eher nur ein Ächzen und Stöhnen. Es war dies der Platzhirsch, der Jagdleiter bestätigte es. Doch heute Morgen war er, als sie bei Büchsenlicht zu ihrer „Loge“ kamen, schon im Hochwald. Er meldete ab und zu bis etwa neun Uhr vormittags, bis ihn die beiden Beihirsche in Atem hielten. Dann verschwand auch unser Kronenzehner im Hochwald, und die Bühne war vorübergehend leer.

H. und sein Begleiter hatten auch den Beihirsch, ebenfalls einen Kronenzehner ohne Eissprossen mit einer abgekämpften Augsprosse, gesehen, aber vom Platzhirsch kein einziges Haar in Anblick bekommen.

Wir machten es uns hier oben in der einen wundervollen Rundblick gewährenden Loge bequem. Die Sonne schien vom wolkenlosen, blauen Himmel. Es war eine Wonne, sich tagsüber hier auszuruhen, anstatt den langen und mühsamen Rückmarsch zur Hütte anzutreten.

Die Sonne stand noch hoch und sandte warme Strahlen auf uns nieder, als das Konzert anfing. Der Platzhirsch mit einer abgrundtiefen Stimme tat nur hie und da einen Grohner im Hochwald halblinks von uns, er war keine dreihundert Schritte entfernt. Der eine Beihirsch meldete links oben, ein anderer in der rechten unteren Ecke des Schlages. Der Wind stand uns konstant ins Gesicht. Wir konnten die ganze Bühne überblicken, waren aber hinter dem Wurzelwerk eines gefallenen Baumes vollständig unsichtbar. Hier musste es heute eine ganz besondere Vorstellung geben!

Sie begann damit, dass der Beihirsch von rechts unten austrat und dann unter den Randfichten uns und auch dem Rudel näher zog. Es war ein hoffnungsvoller Jüngling von vier, fünf Lenzen, trug ein mittelmäßiges ungerades Zwölfergeweih und hatte sogar Eissprossen. Als er dann im Walde verschwand und in die Nähe des zornig grohnenden Platzhirsches kam, verstummte sein jugendliches, sehnsuchtsvolles Melden.

Dann kam weit oben unter der Baumgrenze von links ein Hirsch aus der Dickung in den Hochwald gezogen. Mit dem Spektiv konnte ich gute mehrendige Kronen und ein langes Geweih sehen. Zornig schreiend zog er ein, dort antwortete ihm ein Rivale, der dann später auch da oben auf der Schlagfläche unter dem Schonwald erschien. Es war auch ein Kronenhirsch, ebenfalls kein schlechter, aber ohne Wild. Was könnte wohl der Platzhirsch auf seinem Haupt tragen, wenn eine solche Menge starker Beihirsche so einen gewaltigen Rummel um ihn herum machten? Jetzt schrien schon vier, fünf Hirsche, auch der Platzhirsch geruhte, sich ab und zu mit einem tiefen Brummer zu melden. Auch schien es uns, dass sein Röhren nun doch schon näher klang. Er hatte sich wohl auf den Schlag zu in Bewegung gesetzt.

Das Rudel war inzwischen etwas halblinks in die Nähe des Schlagrandes gezogen. In seiner Nähe war keine Stimme zu hören; die Beihirsche schrien in Abständen von mindestens dreihundert Metern von ihm wüst durcheinander. Er stieß ab und zu den Sprengruf aus, dann ein Krachen im Bestandsrand, sehen konnten wir kein Haar – Stille. Viel später wieder ein leiser Grohner aus der Richtung seines Tageseinstandes.

Eine halbe Stunde Büchsenlicht stand uns noch bevor, als sich der Hirsch wieder in Bewegung setzte. Wir hörten es an seinem Knören und Grohnen. Dann ein leiser Sprengruf links oben von uns am Waldrand. Dort trieb und schlug er minutenlang. Er tobte krachend mit seinen dicken Stangen im Geäst. Er war nicht weiter als zweihundert Gänge von uns entfernt, doch verwehrten uns die Kronen zweier Fichten die Aussicht gerade dorthin.

Was tun? Das Büchsenlicht fing langsam zu schwinden an, das Wild zog aber nicht aus. Ich versuchte, ihn mit dem Ruf zu reizen, aber wir waren zu weit von ihm entfernt. Die Versuchung näherzupürschen, um eine bessere Aussicht zu gewinnen, war groß. Aber wir verwarfen dann diesen Plan. Draußen im offenen Schlag würde uns das Wild sofort wegbekommen.

Dann wurde es dämmrig. Wir mussten die völlige Dunkelheit abwarten, sonst eräugte das Wild gegen den hellen Horizont auf der Kuppe jede Bewegung. Doch auch so klappte es nicht. Das Wild war zu nahe an uns herangerückt und bemerkte uns natürlich bei unserem Rückzug. Ein tiefes Schrecken des Kahlwildes ließ unser Herz erstarren. Doch es kam noch schlimmer. Ich konnte nur langsam vorankommen. Der Jagdleiter sagte, er würde mir das Pferd entgegenschicken. In der Dunkelheit verfehlten wir uns aber, obwohl ich – schon hinter dem Grat – ständig mit der Taschenlampe blinkte. Dann – oh Schreck – fing unser alter Pferdehirt ganz oben am Brunftplatz laut zu rufen an! Er tat so weh, dieser menschliche Ruf mitten im Karpatenwald auf dem besten Brunftplatz weit und breit. Wir fanden uns dann auch zusammen, aber es war zu spät. Wir hatten vermutlich eine schreckliche Störung in den Brunftbetrieb gebracht.

Wie ein geschlagenes Heer zogen wir heimwärts. Zweieinhalb Stunden bergab durch den Bach und dann wieder bergauf. Wir verloren auch den Weg, die Pferde stolperten im Geröll herum. Eine vollständige Apathie erfasste mich. Wäre ich noch Gefühlen fähig gewesen, hätte ich sicherlich Todesängste bei diesem Ritt ausgestanden.

Dann winkte endlich, endlich der Schein der Petroleumlampe durch das kleine Hüttenfenster. Die dort zurückgebliebene Partie unserer Gesellschaft, Dolmetscher B. und Förster Peter, hatten nichts gesehen, auch keinen Brunftschrei gehört.

Wir vollbrachten es tatsächlich, das Revier in zwei, drei Tagen leerzupürschen!

Unsere Kräfte reichten noch zu einem Kriegsrat nach dem Abendessen. Einstimmige Meinung: Hier in der Maricska war nichts mehr zu machen. Ob der Platzhirsch im „Gór“ durch unser doppeltes Vertrampeln vollständig vergrämt wurde? Der Jagdleiter blieb Optimist. Die hiesigen Jäger meinen meistens, ihr Rotwild würde Störung ganz gut vertragen! Ich bin nach meinen, allerdings ziemlich bescheidenen Karpatenerfahrungen weniger gutgläubig und fürchtete, dass der Hirsch endgültig zum Teufel sei.

Es blieb uns keine andere Wahl, als es wieder im „Gór“ zu versuchen. Nachmittags könnte man es anpacken. Doch müssten wir dafür irgendwohin ins Tal umsiedeln. Man konnte nicht hier oben auf dem Berg wohnen und im anderen Berg jagen. Der An- und Rückmarsch jeweils im Dunkeln war geradezu unmenschlich. Morgen wollten wir unten im Tal Quartier beziehen, sei es an der Endstation der Bahnlinie in einer Arbeiterbaracke oder im viel weiter unten gelegenen Försterhaus.

27. September. Ich schlief aus. H. ließ es sich nicht nehmen und machte einen Pürschgang auf den im oder unterhalb des „Hausschlages“ vermuteten Kapitalhirsch. Denn in der Nacht, als wir vor dem Schlafengehen noch nach dem Sternenhimmel sahen, meldete irgendwo in den Lehnen unterhalb des „Hausschlages“ ein Hirsch zwei-, dreimal.

Ich wachte erst auf, als H. vom Pürschgang zurückkehrte. Er hatte kein Haar gesehen.

Was H. erlegte, verdiente er sich redlich! Er war ständig auf Läufen, ließ keine noch so geringe Chance aus. Dennoch hatte er verhältnismäßig wenig Anblick. Ich stolperte heuer, wohin ich auch ging, mit Hirschen zusammen! Ich hatte bestimmt drei Goldmedaillenhirsche gesehen und in den sieben Tagen unseres Aufenthaltes insgesamt schon an die acht Hirsche. Es war dies die vierte Hirschbrunft, die ich das Glück hatte, in den Karpaten mitzumachen. Aber in den anderen dreien hatte ich alles in allem kaum die Hälfte der Hirsche gesehen wie in diesem Jahr!

Obwohl H. und sein Begleiter im diesseitigen Revier keinen Ton gehört hatten, kamen sie doch mit zwei günstigen, uns wieder Mut und Schwung gebenden Beobachtungen heim. Drüben aus dem „Gór“ hörten sie noch um halb neun Uhr verschwommene Brunftschreie. Hatten wir doch nicht gestört? Ein Schimmer der Hoffnung kam wieder.

Zweitens: Im Deale Negru, dem „Schwarzen Berg“, den gab es in jedem Karpatenrevier, das ich bis jetzt kennenlernte, meldete heute früh andauernd ein Hirsch. Der Schwarze Berg ist eine Kuppe, die der Maricska im Hochwaldmeer hinter dem „Gór“-Berg gegenüberliegt. Oben auf seinem Rücken breiten sich drei Waldwiesen aus, von einer kam der Brunftschrei. Wir verabredeten, dass ich mit Förster Peter und unseren zwei Rossen nachmittags diesen Berg auskundschaften sollte. Wer weiß, vielleicht stand dort der Urhirsch, von dem wir träumten.

Nach zeitigem Mittagessen machte sich unsere Karawane auf den Weg. Die Hütte wurde endgültig verlassen. Die Arbeiterhütte im Hauptbach war voll besetzt. Da hatten wir keinen Platz. Es gab aber hier, an der Endstation der Waldbahn, ein Telefon. Freund Jagdleiter verwandelte sich am Telefon zu einem Generalstäbler! Er organisierte mit zwei, drei Gesprächen unser neues Hauptquartier in einem neu erbauten Forsthaus weiter unten im Haupttal, das an der Waldbahnlinie lag. Vom Forsthaus aus konnten wir zum Fuß des „Gór"-Berges fahren, auch in den Dealu Negru und in die weiter unten im Bachtal gelegenen Schläge, falls wir dort irgendwo einen passenden Hirsch bestätigen würden. H. war von dort aus also an die Draisine gebunden, auch meine Bewegungsmöglichkeiten hoch zu Ross blieben beschränkt, da die Entfernungen sehr weit waren. Aber wir hatten keine andere Wahl.

Der Jagdleiter hatte für den Abend die Draisine bestellt, die H., ihn und Dolmetscher B. mit unseren Sachen nach der Pürsch zur neuen Behausung bringen sollte. Der dritte Abschnitt unserer Jagd begann.

Um halb drei Uhr trennten sich unsere Wege. H. stieg mit dem Jagdleiter den „Gor" hinauf, wir machten mit Förster Peter einen „Patrouillenritt" auf den Dealu Negru. Abends wollten wir uns beim Forsthaus treffen.

Wir ritten in strahlendem Sonnenschein durch düsteren Fichtenwald den Schwarzen Berg hinauf. Der Wald war wie ausgestorben, keine Fährte zu sehen, auch kein Vogel, kein Leben. Als wir dann auf die erste Lichtung kamen, verlor ich alle Hoffnungen. Sie war mit Jungfichten bepflanzt, daher wurde die Weide nicht gestattet. Es gab nichts anderes auf der Blöße als altes, hohes Schmielengras. Wahrscheinlich kein Brunftplatz! An der zweiten Lichtung das gleiche Bild. Weit und breit kein Ton, keine Fährte.

Wir machten uns an den Abstieg. Es ist halb sechs Uhr, in einer Stunde dunkel. Die dritte Waldwiese lag noch vor uns. Als ich den

Rand der Blöße erreichte, hörte ich draußen einen Brummer. Schnell abgestiegen. Hinter einer einzelnen Fichte draußen eine Bewegung. Glas hoch, Hirsch! Er trat unter den herabhängenden Ästen heraus und zog vor mir über die Lichtung. Er war alleine, in der typischen Haltung und dem Benehmen nach ein suchender Hirsch. Wäre ich hier zum Jagen berechtigt, hätte ich ihm die Kugel angetragen. Ein hohes Geweih, aber mit nicht dicken Stangen, anstatt einer Krone starke Gabeln, keine Eissprossen. Also Gabelachter zwischen sieben und acht Kilogramm – genau ein Hirsch nach meinem Geschmack!

Er verhoffte, windete argwöhnisch, drehte dann ab und trollte nach unten in den Hochwald.

Bevor wir das Forsthaus in der Dämmerung erreichten, röhrte auf einem kleinen Schlag im Gegenhang mit guter Stimme ein Hirsch. Mein Hoffnungsbarometer stieg sofort höher. Eine neue Chance zum Bestätigen eines neuen Hirsches!

Doch im Forsthaus angekommen, hörten wir die große Nachricht, die die ganze Situation auf einen Schlag änderte. Am Telefon wurde ein Lastwagen bestellt, der Hirsch des „Gór"-Berges lag. Es dauerte keine Viertelstunde, die schwarze Limousine – Draisine rollte mit den Jägern an. H. hatte einen Fichtenbruch am Hut!

Wie es so oft mit Hirschen ist, ging alles sehr einfach. Die Sonne stand noch hoch, als die drei an den Ansitzplatz von gestern, an die „Loge", heranpürschten. Im gegenüberliegenden Hochwald meldeten rechts und links zwei Hirsche ständig. Aus ihrer Mitte kam zeitweise der Grohner des Platzhirsches. Das Wild hatte die Störung nicht übelgenommen!

Kaum hatten sie sich hinter dem Wurzelstock gesetzt, als auf den Schlag ein Tier aus der Richtung des Platzhirsches heraustrollte. Hinterher kam der Hirsch auf die Bühne! Sie sahen von oben ins Geweih, sahen die Stangen verzerrt. Dicke Stangen, aber kurz, Kronen, aber die Kronenenden und unteren Enden auch kurz. Alter Hirsch. Das Geweih enttäuschte H. Der Jagdleiter war seiner Sache auch nicht ganz sicher. Der Hirsch trieb das Tier den Schlag hinunter in die rechte Ecke. Als er dort verhoffte und der Jagdleiter das Geweih von vorne sah, meinte er, einwandfrei und sicher feststellen zu können, dass es der von ihm gesehene Platzhirsch des Brunftplatzes war. Aus dieser Sicht zeigten die Stangen nämlich eine gute Länge und auch Stärke. So entschloss sich H. zum Schuss. Das Stück zog nun wieder auf sie zu. Der Hirsch ihm nach. Auf eine Entfernung von etwa zweihundert Gängen verhoffte er und erhielt die Kugel aufs Blatt. Zeichnen, ein paar torkelnde Schritte, und mit wildem Getöse brach der Hirsch zusammen. Es war noch kaum vier Uhr nachmittags.

Mit der Erlegung auch des zweiten Hirsches war nun unser Abschuss erfüllt, hatten sich alle Probleme, wie wir wohl erfolgreich weiterjagen sollten, gelöst. Noch am Abend rollten wir nach Commandau hinunter.

Es wurde ein langer Abend. Nun, da wir die Jagd beendet und Erfahrungen im Revier gesammelt hatten, konnten wir auch besprechen, wie man es in Zukunft anpacken sollte. Eines stand fest: Die schöne neue Hütte in der Maricska ist nicht zu benützen. Dort verstänkert man die Schläge und Brunftplätze, im „Gór“ ist aber von dort aus nicht zu jagen.

Was sich bei der Karpatenbrunft immer schon bewährt hatte: Man muss unten im Tal hausen, unten, zwischen den beiden Brunftplätzen. Da stört man mit dem Hüttenlärm nicht. Zum Brunftplatz im „Gór“ kann man jederzeit ohne Störung hinaufsteigen, um die Hirsche zu bestätigen. Und die Brunftplätze in der Maricska müssen in Zukunft so beobachtet werden, dass nicht mehrere Jäger in den Schlägen herumlaufen, sondern sich abends nur an solchen Stellen zum Verhören ansetzen, wo sie durch den Abmarsch in der Dunkelheit nicht stören. Morgens, ja, dann kann man sich an den Hirsch zum Ansprechen heranwagen, aber nur, wenn er schreit. Das Herumstolpern auf den Brunftplätzen, ohne dass die Hirsche schreien, ist wohl der größte Fehler, den ein Karpatenjäger begehen kann.

Freund Jagdleiter versprach uns, für die nächste Brunft im Tal eine kleine Hütte bauen zu lassen. Von da aus könnten wir dann richtig jagen.

28. September. Ich lasse es mir nicht nehmen, morgens wieder hinaufzureiten, um den Hirsch oben im Schlag zu photographieren und den Abtransport mitzuerleben. Der Hirsch lag keine hundert Gänge von der Stelle, wo im Vorjahr der Sechzehnender gestreckt wurde, doch gab es damals eine dünne Schicht Neuschnee, heute ist aber schönstes Sonnen-Herbstwetter.

Es ist ein uriger Hirsch sehr nach meinem Geschmack. Ich liebe bizarre, krumme, verdrehte Stangen und Enden, also „ausgefallene" Hirsche, während H. für das regelmäßige, gut ausgelegte Geweih mit guten Kronen ist. Dieser zweite Hirsch mit starken, aber hellen und sowohl seitlich als auch unter den Kronen geknickten Stangen und kurzen vierzehn Enden, er hatte sogar beiderseitig eine kurze Eissprosse, ist nicht nach seinem Geschmack. Der erste Hirsch brachte 10,60 kg, der zweite jedoch, noch nicht einmal ganz ausgetrocknet, nur 8,60 kg auf die Waage. Es ist aber auch ein Geweih mit auffallend leichtem spezifischen Gewicht. Sehr alt war der Hirsch auch nicht, obwohl er sicher seine neun, zehn Jahre hatte. Ob es wohl der Platzhirsch mit der faszinierenden, abgrundtiefen Stimme des Vortages war? Ich vermute, es war der Beherrscher des Brunftplatzes. Doch wer weiß? Wir werden nie darüber Sicherheit haben!

29. September. Über das widerliche Feilschen um Punkte bei der Forstbehörde möchte ich nur wenige Worte verlieren. Es war ein hässlicher Abschluss von wundervollen, kameradschaftlichen Jagdtagen. Besonders die Schönheitspunkte machten viel Schwierigkeiten, weil, scheinbar nach schon orientalischer Sitte, immer erst das Maximum vorgeschlagen wurde, um sich dann einigen zu können. Besonders die Punkte für die Kronen wollte man hochschrauben, bei unserem Achtzehnender sogar auf zehn Punkte, die kaum jemals einem Geweih bei offiziellen Bewertungen zugestanden wurden. Die Vorschriften der Formel des CIC sind in dieser Hinsicht, was die Bewertung der Kronen betrifft, auch ungenau und dehnbar.

Wir einigten uns endlich auf acht Punkte für die Kronen beim ersten Hirsch. Somit brachte es der erste auf rund 221 IP., der zweite auf nur rund 206 IP. Als die Debatte abgeschlossen war, zog wieder völliger Friede unter uns ein.

Monate später kam ein Brief aus Covasna vom Jagdleiter. Dazu ein Zeitungsausschnitt mit dem Photo eines Hirschgeweihes mit bizarren Kronen, die so typisch für Karpatenhirsche sind. Der Hirsch wurde im Forstamt Covasna, Commandau, im Revierteil Maricska von Wölfen gehetzt, verletzt und dann zur Strecke gebracht. Er habe ein Geweihgewicht von 12,80 kg, Stangenlänge von 130 cm und bringe es auf rund 244 IP. Somit wäre es der stärkste Hirsch, der jemals in Rumänien zur Strecke kam.

Ob es wohl der Platzhirsch des „Gór“-Berges mit der abgrundtiefen Stimme war?

Und dann kommt's wieder anders ...

Hirschbrunft 1974

„Organisation ist das Leben, mein Junge!" – sagte mir einst ein sehr lieber Onkel, der zu uralten Zeiten bei den K.u.K.-Husaren der alten Monarchie gedient hatte und ein Lebenskünstler ersten Ranges war. Ich habe mir diese Lehre sehr gut gemerkt und wieder – wie so oft – daran denken müssen, als wir uns am 20. September 1974 nachmittags am Flugplatz von Bukarest mit Freund Hans trafen. Er kam aus Istanbul, ich aus der entgegengesetzten Richtung aus Budapest angeflogen. Der Leihwagen stand auch bereit. Es konnte sofort über die Kette der Südkarpaten nach Brasov gestartet werden, wo wir ein Hotelzimmer zum Übernachten reserviert hatten. Wir hatten die berechtigte Hoffnung, nach Ablauf von kaum vierundzwanzig Stunden in unserem alten Revier Covasna, wo wir unsere dritte Hirschbrunft erleben sollten, die Hirsche schreien zu hören.

Vorsorglich wurde uns ein „Reiseleiter", ein gutaussehender junger Mann, Medizinstudent, der gut Deutsch und Rumänisch sprach, mitgegeben. Eigentlich ziemlich überflüssig; denn ich konnte mich bei der dortigen Bevölkerung ungarischer Muttersprache so verständigen wie daheim, außerdem kannten wir uns im Revier und bei den Menschen nach zwei vergangenen Brünften bestens aus. So entstand dann auch die ziemlich komische Lage, dass ich im Sägewerk Commandau, wo wir in den ersten Tagen wohnten, zwischen unserer Hausfrau, die weder Rumänisch noch Deutsch sprach, und unserem „Dolmetscher" den Dolmetsch spielen musste. Er war ein netter Junge, zeichnete sich jedoch dadurch aus, dass er von der Jagd keine Ahnung hatte und auch kein Interesse zeigte.

Während wir später im Jagdhaus wohnten, suchte er in der weiteren Gegend gesellschaftlichen Anschluss und fuhr Beulen in unseren Leihwagen. Er ließ dann sein „Büro“ bei der Rückfahrt in St. Gheorge im Restaurant liegen, merkte dies aber erst in Brasov und musste wieder im Leihwagen zurück, um sein Image zu retten.

Im Touristenamt in Brasov, das sich mit der Organisation von Jagdreisen beschäftigt, wurden wir als VIP behandelt. Uns wurde mitgeteilt, dass wir mit unserem Wagen unmöglich die Straße vom am Fuße der Berge liegenden Kurort Covasna hinauf bis zum 1 100m hoch liegenden Sägewerk Commandau, dem Ausgangspunkt unseres jagdlichen Unternehmens, fahren könnten. Wir ließen uns jedoch nicht ins Bockshorn jagen. Dort kannten wir uns schon besser aus! Freund Jagdleiter erwartete uns nach brieflicher Abmachung vormittags in seinem Büro. Alles, was uns betraf, war bestens organisiert.

21. September. In leuchtendem herbstlichem Sonnenschein fuhren wir in der tischflachen Ebene des Székler Beckens zwischen fruchttragenden Ackerböden unserem entfernten Ziel, den sich aus diesem Flachland steil erhebenden blauen Bergen entgegen. Da Hans fuhr, hatte ich Muße, die Landschaft zu genießen. Ich entdeckte einen Adler hoch in den Lüften, vermutlich ein Gold- oder Schreiadler. Über dem Adler kreisten noch fünf viel größere Greife, ebenfalls mit gespreizten Handschwingen, doch mit noch viel weiter vorgestrecktem Kopf und hellen Unterseiten. Kein Zweifel: Geier, die in den Süd- und Ostkarpaten, wenn auch ziemlich selten, vorkommen. Es waren die ersten Geier, die ich in meinem Leben sah.

Mit Freund Jagdleiter trafen wir uns wie verabredet. Seit einem Jahr hatten wir uns nicht gesehen. So war die Freude groß, es gab viel zu erzählen. Die Brunft war seit einigen Tagen im Gange, Hirsche schrien auch in den Schlägen, die um Commandau lagen. Wir würden uns ihnen zwei, drei Tage von diesem „Stützpunkt“ aus widmen, bevor wir weiter in die Berge hinaufziehen würden.

So hatten wir es auch mit Erfolg im Vorjahr gemacht. In erreichbarer Nähe des Sägewerks breiteten sich in verschiedenen Richtungen drei, vier Kahlschläge aus, die auch leicht zu bejagen waren.

Ohne Zeitverlust klappt alles wie am Schnürchen. Wir werden mit landesüblichem feinem Mittagessen erwartet, unsere Hausleute vom vorigen Jahr sind rührend um uns besorgt. Nachmittags um drei Uhr wird mein gesatteltes Reitpferd von Förster Peter, meinem vorjährigen Begleiter, herangeführt; ich soll zum „Jägerschlag" hinauf, wo wir im vorigen Jahr den Kapitalen erlegt hatten und wo heuer wieder ein Hirsch brunften soll. Man hatte ihn nur gehört, nicht gesehen, geschweige denn angesprochen.

Hans sollte mit der Draisine zum Ort seines abendlichen Wirkens hinausfahren, von wo aus nur der Aufstieg in den Schlag zu bewältigen war. Gegen jede Erwartung war der Wagen auch mit einer Verspätung von nur einer Viertelstunde da. Sein Fahrer natürlich nach seiner uns schon bestens bekannten Sitte etwas angeheitert. Dies verstieß jedoch nicht gegen die Verkehrsregeln, weil der Wagen ja mit seinen Rädern nur auf Schienen laufen und so verhältnismäßig einfach und gefahrlos manövriert werden konnte.

Ich ritt an der Ostseite erst durch sehr steilen Hochwald, dann durch den Schlag hinauf zu dem Punkt, von wo man über die tiefe, große Mulde inmitten des Schlages hinweg die beste Aussicht auf die links und weit gegenüber verlaufenden Hochwaldkanten hatte. Von hier aus hatte ich vor zwei Jahren den Kapitalhirsch gesehen und zur vorigen Brunft wieder bestätigen können, den Hans dann auch erlegte.

Vorerst tat sich jedoch nichts. Bei dem sommerlichen Wetter mit Südwind hatte ich mich nur leicht gekleidet, was jedoch ein Fehler war. Beim Sitzen fror es mich schon nach einer halben Stunde ganz jämmerlich. Ich war in einer Höhe von 1 400 bis 1 500 m. Hier inmitten der endlosen Wälder ist es fast stets kühl. Der Karpatenjäger tut gut daran, sich stets warm zu kleiden.

Gegen halb fünf Uhr fing ein Hirsch auf dem Schlag der weit entfernten Bergkuppe hinter meinem Rücken jenseits des Haupttales und der in ihm verlaufenden Waldbahnstrecke mit guter

Stimme in langen Zwischenräumen zu melden an. Ein zweiter, der viel häufiger, jedoch mit mittlerer Stimme meldete, schloss sich ihm an. Das typische Platzhirsch-Beihirsch-Duett.

In meinem Schlag herrschte völlige Ruhe, bis ich dann bei beginnender Dämmerung draußen im Kahlschlag zwei Stück Kahlwild entdeckte. Ob sie aus dem Hochwald oder der von mir aus überriegelten Mulde des Kahlschlages gekommen waren, hatte ich nicht gesehen. Sie ästen ruhig und machten den Eindruck, als ob sie alleine ohne Hirsch wären. Dann aber meldete aus ihrer Richtung ganz dumpf überriegelt ein Hirsch zwei-, dreimal mit guter Stimme. Feststellen konnte ich jedoch nicht, ob er jenseits des Hauptgrates im Hochwald oder in der Senke im Schlag unterhalb der Tiere stand. Der Situation und der Stimme nach war es der diesjährige Platzhirsch des „Jägerschlages“ gewesen.

Hans war in der entgegengesetzten Richtung von Commandau aus auf einem aus mehreren Kahlschlägen bestehenden Brunftplatz gewesen. Dort hatten sie drei Hirsche melden gehört, von denen der eine eine sehr jugendliche Stimme hatte. Man ist geneigt, solchen Hirsch als Schneider abzutun, obwohl dies nicht immer stimmt. Jedenfalls bemüht man sich um ihn nicht, wenn es bessere Stimmen zu hören gibt. Dies war dort der Fall. Die beiden anderen Hirsche schienen zwei Platzhirsche zu sein. Man glaubt ja auch, dass der Platzhirsch ein älterer, stärkerer Hirsch ist, weil er doch Besitzer des Kahlwildes ist. Sicher ist er auch der stärkere Hirsch, zumindest was die Körperstärke und Kondition anbetrifft, doch besagt dies nicht in allen Fällen, dass der Platzhirsch auch ein stärkeres Geweih als der Beihirsch trägt. Nur ist der Platzhirsch, solange die Tiere brunftig sind und er bei ihnen steht, leichter zu bestätigen.

Nach schwierigem Pürschen musste Hans mit dem Jagdleiter bis auf sechzig Schritte in unübersichtlichem Jungwuchs an den einen Platzhirsch mit seinen vier Tieren herankommen, ehe sie ihn genau ansprechen konnten. Es war ein junger Vierzehnender mit kurzem Geweih von einem Gewicht von etwa 8 Kilogramm. Kein jagdbarer Karpatenhirsch also.

22. September. Der erste Morgen war ein organisatorischer Fehlstoß. Den Jagdleiter traf keine Schuld. Er hatte schon, noch bevor er bei unserem Quartier ankam, Peter, den Pferdeführer, geweckt und zum „Jägerschlag" in Marsch gesetzt und auch den Fahrer der Draisine mobil gemacht. Nicht zu bewegen war jedoch die Maschine, die wieder einmal hoffnungslos streikte. So warteten wir, uns ärgernd, bis zum völligen Hellwerden an der Station. Es war ein einmaliger Brunftmorgen, sternklar, mit Raureif an Gräsern und auf den Wiesen. Jedoch waren alle Brunftplätze zu Fuß unerreichbar. So verzog ich mich verärgert zurück ins Bett.

Hans hatte mehr Ausdauer. Er wartete mit abnehmender Geduld, ohne sich jedoch aus seiner Ruhe bringen zu lassen, bis der Wagen mit einer Stunde Verspätung doch noch heranrollte. Sie fuhren bis zum Fuß des nächsten Schlages, hörten auch einen Hirsch mit mittlerer Stimme dort melden, doch verschwieg er kurz danach.

Der Himmel ist blau, die Sonne scheint wärmend, doch es bläst ein steifer Südwind, als wir nachmittags in unserer Limousine abfahren. Ich habe mich warm angezogen, doch umsonst. Nach einer Stunde Ansitz wurde es mir wieder sehr kalt. Ich bin nämlich, unnötig vielleicht zu sagen, zu meinem Platz von gestern hinaufgeritten. Ich bin sehr erpicht darauf, diesen Hirsch in Anblick zu bekommen. Wird er wohl halten, was er verspricht?

Hans ging zu den gegenüberliegenden Schlägen, wo ich gestern die Hirsche gehört habe. Die tiefe Stimme konnten sie wieder hören, fanden auch einen ausgeprägten Trittsiegel in der Gegend, doch stand der Hirsch tief im Hochwald und kam bei Büchsenlicht nicht auf den Schlag heraus, auf welchem sie ihn erwarteten.

Als wir den Schlag erreichten, hörten wir in der Nähe unseres Ansitzplatzes ein lautes Gejohle. Es waren vier Männer, die im unteren Teil des Schlages herumstiegen, um Brombeeren zu pflücken und sich gegenseitig mit Zurufen ermunterten. Förster Peter schickte sie sofort zurück. Ich war der Meinung, dass unser Abendansitz verpatzt wäre. Aber weit am jenseitigen Hang erblickte ich ziemlich spät, fast schon vor einbrechender Dämmerung, ein einzelnes, auffallend dunkles Tier ohne Hirsch oder Kalb. Dann später etwas weiter rechts ein anderes, ebenfalls einzelnes Tier fast an derselben Stelle, wo wir im Vorjahr den Hirsch erlegten. Dann meldet der Hirsch! Der Richtung des Lautes folgend, entdeckte ich ihn sofort unweit des Hochwaldrandes auf dem kahlen Schlag. Er hatte zwei Tiere dabei, die er bestimmt mit zwei Handbreiten an Höhe überragte.

Fürs Spektiv ist es zu dunkel, fürs Glas ist es zu weit. Ich kann den Hirsch nicht mehr ansprechen, so sehr ich auch meine Augen anstrenge.

23. September. Nachts und den ganzen Morgen ist der Himmel bezogen. Es war viel wärmer geworden. Trotzdem schrien die Hirsche ringsherum des „Jägerschlages". Dennoch machte ich eine klassische Fehlpürsch. Ich wollte sehr gescheit sein und machte mir den gleichen Plan zurecht wie im Vorjahr, als es wunderbar funktionierte. Mein abendlicher Beobachtungsplatz war nämlich für den Morgenansitz weniger geeignet, da man, nach Osten und Süden schauend, Gegenlicht hatte. Dafür war das Spektiv schlecht zu gebrauchen. Wenn ich jedoch von rechts in die Südwestecke des Schlages hinaufritt, konnte ich den Grat, der sich über der großen Mulde inmitten des Schlages hinaufzog, nötigenfalls hinaufpürschen.

Als wir aus dem Hochwald in den Schlag hinaustraten und ich aus dem Sattel stieg, war es noch dunkel. Unten in der großen Mulde, doch weit von meinem jetzigen Standort entfernt, meldete der Platzhirsch. Ein Beihirsch mit einer Schneiderstimme sekundierte. In den beiden gegenüberliegenden Ecken des Schlagrandes meldeten, der eine hoch oben, der andere tief unten, zwei weitere „neue" Hirsche, die jedoch dem Schreien nach suchend ohne Kahlwild waren. Sie verschwiegen kurz nach Tagesgrauen, während der Platzhirsch, wenn auch in großen Abständen, bis zu seinem Einziehen in den Hochwald nach sechs Uhr, andauernd weiterschrie.

In der Senke stehend, war er mir jedoch überriegelt. So pürschte ich sehr langsam und vorsichtig bergwärts. Ich hatte jedoch Pech, oder aber waren die Beine doch zu langsam gewesen? Der

Hirsch zog allmählich aufwärts Richtung Einstand im Hochwald. Er war immer wieder durch den Grat und seine Seitenrücken überriegelt, so dass er schließlich eingezogen war, ohne dass ich den Hirsch gesehen hätte.

Förster Peter hingegen hatte mit dem grasenden Pferd am langen Zügel einen Hirsch, seiner Aussage nach einen Zwölfer, gesehen, der hinter einem Stück unterhalb des Schlages durch den Hochwald zog. Sein Ansprechen jedoch war äußerst fraglich, weil er weder ein Glas besaß noch die Grundbegriffe des Ansprechens beherrschte.

Den ganzen Morgen hatte ich gespannt auf den Schuss von Hans gelauscht, der wieder über dem Tal in meinem Rücken pürschte. Er ging ebenfalls leer aus. Wir ließen nicht locker. Nachmittags ging jeder an seinen Platz. Ich natürlich zu meinem ständigen Nachmittags-Auslug. Einmal muss der Hirsch doch bei besserem Licht kommen! Doch tat er mir nicht den Gefallen. Er fing wieder jenseits des Hauptgrates noch bei Büchsenlicht im Hochwald zu melden an. Es war schon stockdunkel, als ich ihn erst im Kahlschlag melden hörte.

Der Hirsch von Hans schrie nachmittags wieder im selben Kessel, wo ihm des Windes wegen nicht beizukommen war, und dachte nicht daran, auf den Schlag auszutreten.

Abends hielten wir großen Rat. Am Mittag des nächsten Tages wollten wir nämlich aus der Ortschaft in ein weit oben im Hauptbachtal an der Waldbahn liegendes Forsthaus übersiedeln, von wo aus wir die höher gelegenen Schläge erreichen konnten. Hans war die Lust an „seinem" Hirsch, der nicht aus dem Kessel auf den Schlag hinaus wollte, vergangen. Wir entschieden uns deshalb für einen konzentrierten Angriff auf „meinen" Hirsch im „Jägerschlag". Der war morgen früh bei Büchsenlicht noch mit großer Wahrscheinlichkeit draußen im Kahlschlag anzutreffen.

24. September. Nachts hatte es etwas geregnet, der Himmel war bezogen. Wie besprochen, gingen wir alle zum „Jägerschlag". Hans und der Jagdleiter wollten, meinem gestrigen Pürschpfad folgend, den Grat inmitten des Schlages hinaufpürschen, um in die Nähe

des ständigen Brunftplatzes des Hirsches zu kommen. Ich aber wollte, wenn ich ohne Störung hinkommen konnte, zu meinem abendlichen Aussichtsposten.

Aus dem unten gelegenen Hochwald hinaus auf den Kahlschlag gekommen, verhörte ich erst, bevor ich etwas falsch machen konnte, und stellte mit großer Freude fest, dass der Hirsch am östlichen Hang der großen Senke an seinem gewohnten Brunftplatz meldete. Ich konnte also hinter dem Riegel in völliger Sicherheit zu meinem Beobachtungsplatz hinaufpürschen. Als ich dort ankomme, beginnt es gerade zu dämmern. Als es heller wird, suche ich mit dem Glas den kahlen Hang ab und erhasche dann auch eine Bewegung. Ja, es ist der Hirsch. Er zieht einem einzigen Stück nach und ist mir dann gleich wieder verdeckt. Alles was ich vom Geweih habe sehen können, war, dass es hoch und weit ausgelegt war. Hans musste an ihm sein, doch es fiel kein Schuss, bis dann der Hirsch, wie ich es der Stimme nach verfolgen konnte, gegen sechs Uhr in den Hochwald oben am Grat einzog.

Unten im Tal trafen wir dann mit Hans zusammen. Es war ein noch nicht reifer, acht-, neunjähriger ungerader Vierzehnender. Gute Kronen mit weißen Endenspitzen, keine Eissprossen, die Stangen noch nicht dick genug, Geweihgewicht schätzungsweise achteinhalb Kilo.

Im neuerbauten Forsthaus im Tale des Baska-Mica-Baches konnten wir uns sehr bequem einquartieren. Außer der Wohnung des Försters waren noch zwei Räume im Parterre. Den einen bezog Mariska, unsere Hausfrau, den anderen, in dem ein Herd, ein Tisch und zwei Betten standen, Freund Jagdleiter mit Förster Peter. Hans und ich hausten in dem Mansardenzimmer, in dem außer zwei Betten und einem Tisch auch ein Herd stand. Dieser erwies sich dann als eine sehr zweckmäßige Einrichtung, weil Tage kamen, an denen er ständig mit Brennholz vollgestopft werden musste.

Wir wohnten jedoch nicht der Bequemlichkeit halber im schönen Haus im Tal. In meinem Bericht über die Hirschbrunft 1973 im selben Revier habe ich erzählt, dass wir damals in einer ganz primitiven Hütte auf einer Kuppe von sechzehnhundert Metern

Höhe inmitten von vier guten Kahlschlägen und Brunftplätzen hausten und es uns gelang, im Verlauf von zwei kurzen Tagen das ganze Höhenmassiv leerzulaufen! Das ist der Nachteil, wenn man zu nahe bei den Brunftplätzen wohnt. Das wollten wir nie wieder machen.

Unsere wichtigste Aufgabe war es zunächst, auszukundschaften, wo etwas in dieser Gegend los war. Darum zogen wir nachmittags in zwei Richtungen. Hans mit dem Jagdleiter auf die östlich des Baches liegenden, uns in bester Erinnerung haftenden Brunftplätze an der Nordseite des siebzehnhundert Meter hohen „Gór"-Berges, ich mit Ross und Förster Peter in die Schläge der Maricska unterhalb unserer vorjährigen Jagdhütte, wo ein starker Platzhirsch, wie auch im Vorjahr, vermutet wurde.

Es war noch früher Nachmittag, als vor uns in der Lehne, die mit Fichtenwald bestockt war, zwei Hirsche weit entfernt voneinander mit den Stimmen von suchenden Hirschen zu melden begannen. Jener, welcher oberhalb stand, näherte sich dem Schlag und schickte sich an, überriegelt von unserem Auslug auszutreten. Ein alter Viehsteig führte von unserem Standort den Schlag hinauf. Ich pürschte ihn langsam hinauf, bis ich in einer Einbuchtung des Schlages des schon draußen zwischen den Brombeerranken niedergetanen Hirsches ansichtig wurde. Es war das schwache Geweih eines jungen Zwölfers, was sich nach einigen Minuten auch bestätigte, als der Hirsch hoch wurde und ich seine Figur sah. Er hatte auch kein Kahlwild dabei.

Die Stimme des anderen Hirsches, der jedoch nicht auf den Schlag heraus, sondern in Richtung des Tales im Hochwald zog, war noch nichtssagender. Es schienen tatsächlich beide suchende Hirsche zu sein, denn das Melden eines Platzhirsches war in der ganzen Umgebung nicht zu vernehmen.

Als einziges positives Ergebnis dieses Abends konnte ich eine sonore Stimme vom Rücken des gegenüberliegenden Dealu Negru, des „Schwarzen Berges", hören; der Hirsch meldete mit großen Abständen und ließ hie und da auch den Sprengruf ertönen, woraus ich schloss, dass er auch Wild dabei hatte. So fasste ich den

Entschluss, morgen früh dort hinaufzureiten und nach dem Hirsch zu sehen.

Der Bericht von Hans aus dem „Gór"-Berg war auch eine Enttäuschung. Obwohl wir dort in jedem der beiden vorigen Jahre einen Hirsch haben erlegen können und reger Brunftbetrieb gewesen war, hörten sie heute insgesamt nur zwei Hirsche dort melden. Der eine stand tief im Hochwald und meldete mit mittlerer Stimme. Er verließ seinen Standort den ganzen Nachmittag nicht. Der andere, mit einer ebenfalls mittelmäßigen Stimme, tat dasselbe. Doch stand dieser im schon hochgewachsenen Teil des Schlages. Die Kahlflächen, auf denen in anderen Jahren der starke Brunftbetrieb gewesen war, blieben leer. Sie sahen aber fünf Auerhähne. Das Auerwild ist in den höheren Lagen des Reviers noch sehr häufig und nicht im Abnehmen begriffen. Nach Aussage des Jagdleiters soll der Bestand des Revieres mindestens 250 Stück betragen. Dagegen ist Haselwild ziemlich selten, Birkwild gibt es in den östlichen und Südkarpaten in dieser Gegend überhaupt nicht.

25. September. Wir haben Glück mit dem Wetter! Es ist sternenklar, doch ziemlich warm. Seitdem wir hier sind, weht der Wind ständig aus Süden. Demgemäß ist die Brunft ziemlich flau.

Hans ist heute früh wieder auf den „Gór"-Berg gegangen, was in Anbetracht des langen Anmarsches und Aufstieges eine nicht zu unterschätzende Leistung ist. Um es vorwegzunehmen: Außer zwei in der Morgendämmerung streichenden Schnepfen und auf Solitär-Fichten im Schlag balzenden zwei Auerhähnen hatten sie wieder keinen Anblick. Die beiden Hirsche des Vortages meldeten wohl, doch sehr flau und genau an denselben Stellen.

Wir zogen einen verwachsenden Pfad den „Schwarzen Berg" hinauf bis zum sich lang hinstreckenden Rücken und pürschten sehr vorsichtig über die sich oben ausbreitenden, mit hohem, trockenem Gras bestandenen Wiesen. Es war alles tot, kein Ton weit und breit hier, keine Bewegung. Diese Wiesenflächen mit ihrem verdörrten Gras bieten dem Wild keine Äsung. Darum befindet sich kein ständiger Brunftplatz hier. Der „Schwarze Berg" konnte abgeschrieben werden.

Unsere Frühpürsch war aber doch nicht umsonst gewesen! Schon beim Aufstieg hörten wir einen guten Brunftbetrieb, ein reges Durcheinander-Melden von mindestens drei Stimmen von einem Kahlschlag, der sich über dem Ende eines Seitentales hinauf bis zum gegenüberliegenden runden Bergrücken erstreckte. Aus einer Entfernung von mehreren Kilometern trug uns der Südwind die Brunftlaute zum Schwarzen Berg herüber.

Ich sondierte aus dieser großen Entfernung die Situation mit dem Glas, so gut ich konnte. Wild war natürlich nicht zu erblicken. Ich konnte jedoch feststellen, dass es ein wenig bewachsener Kahlschlag in einer steilen nördlichen Lehne von einem Ausmaß von schätzungsweise dreißig Hektar war. Die Stimmen kamen mehr vom Bergrücken, wo sich nach Förster Peters Aussage ein schon mehrere Jahre alter Schlag mit hohem Jungwuchs entlangzieht. Es schien ein idealer Brunft- und Pürschplatz zu sein!

Abends wäre ich nur allzu gerne zu „meinen Hirschen" gegangen, um mich auf dem zufällig entdeckten Brunftplatz näher umzusehen. Hans wollte nicht wieder auf den weit entfernten „Gór"-Berg gehen. Deswegen rüsteten wir uns schon am zeitigen Nachmittag zur Pürsch, Hans mit dem Jagdleiter zum „neuen" Schlag, ich aber wollte mit Förster Peter in einen anderen Revierteil weiter unten am Bachbett.

Schon zeitig, als wir die Waldbahnstrecke hinunterwandelten, hörten wir auf der anderen Seite des Bachbettes im Hochwald unweit von uns einen Hirsch einige Male mit tiefer Stimme knören. Er meldete nur faul und ab und zu wie ein alter Herr, der im Tageseinstand neben seiner Schönen im Bett sitzt. Von Peter erfuhr ich, dass jenseits seines Einstandes ein breiter Holzabfuhrweg am Hang entlangführe, oberhalb dessen mehrere kleine Schläge, beziehungsweise Kulturen seien. Der Hirsch zog später sicherlich über den Weg dort hinauf.

Keine fünfhundert Schritt weiter kamen wir zu einer Arbeiterhütte mit einem großen „Holzdepot" neben der Bahn, wo auch eine Brücke über den Bach führte. Drüben folgten wir dem breiten Holzabfuhrweg zurück, auf dem man ganz leise vorwärtskommen konnte. Ich saß ab und pürschte langsam vor, da der Hirsch nunmehr rechter Hand unweit vor mir manchmal knörte. Dann war ich in einer Höhe mit ihm. Ich fand auf dem Weg die starke Hirschfährte mit jenen von zwei Stück Kahlwild. In dieser Situation war es das Gescheiteste, was ich tun konnte, schleunigst umzudrehen.

In Kürze waren wir wieder bei der Holzfällerhütte angelangt und folgten nun einem Steig, der die Lehne direkt hoch führte, um zum großen Schlag zu gelangen. Wir kamen jedoch nicht weit. Denn kaum dreihundert Meter über der Hütte meldete ein anderer Hirsch mit einer ziemlich nichtssagenden, mittelmäßigen Stimme. Er stand auf der anderen Seite einer tiefen Schlucht zwischen uns in einem Jungwuchs. Von unserem Weg aus war er unsichtbar. Ich ließ mich von meinem Pferd gleiten und pürschte so leise wie möglich den steilen Hang im Hochwald hinunter, um unten zwischen den Stämmen Sicht auf den Gegenhang zu bekommen.

Ich war nicht weit gegangen, als ich nach einem Knörer oben am gegenüberliegenden Rücken eine Bewegung sah. Es war ein im Wildbret starker, auffallend semmelgelber, nicht silbergrauer Hirsch, der langsam vor sich hin knörend gen Tal und mir immer näher zog. Er war kaum hundert Schritt entfernt und stand im vollen Sonnenschein. Es wäre eine einmalige Gelegenheit gewesen, einen Karpatenhirsch in seiner Urheimat zu photographieren! Doch mein Teleobjektiv war zu Hause in Budapest geblieben.

Ich hatte die Möglichkeit, ihn genau anzusprechen. Neben dem robusten Körper ein gewaltiger Vorschlag, ein breites, auffallend griesgrämiges Gesicht des alten Hirsches mit einer herunterhängenden Wamme, die mir sofort auffiel, weil ich eine solche bei unseren Hirschen daheim nie gesehen hatte. Der Hirsch sah ausgesprochen alt aus, hatte aber eine nur sehr mittelmäßige Stimme. Nichts von „dem tiefen Brummen wie aus der Tonne“. Und wie war das Geweih, das er trug? Der erste Eindruck: kurz, nichts Besonderes! Weil der Hirsch gewaltig im Wildbret war, erschien das Geweih verhältnismäßig kurz und gedrungen. Aber man kann sich leicht täuschen. Der Hirsch zeigt immerhin ein Geweih mit schätzungsweise 108 bis 110 cm Stangenlänge, hellbraune, dicke Stangen. Das Gegenteil eines Prahlers! An dem Geweih war auffallend, dass ich zwischen den Lauschern keine Augsprossen sah, Eissprossen fehlten, Mittelsprossen auffallend hoch angesetzt, so dass das Geweih „leer“ erschien. Die Kronen waren auch nicht auffallend: zwei lange und wenige kürzere Enden in jeder Krone. Also ein alter, hochjagdbarer Hirsch mit einem besonderen Geweih. Ich schätzte sein Gewicht auf 9 bis 10 Kilogramm. Wenn ich selber gejagt hätte, so hätte ich diesen Hirsch sofort geschossen.

Ich konnte mich aber nicht lange am einmaligen Anblick ergötzen. Plötzlich warf der Hirsch auf, machte nach kurzem Zögern kehrt, sprang ab und war verschwunden. Oben auf der Kuppe kam dann ein Holzarbeiter mit einer Axt am Arm zum Vorschein. Förster Peter rief ihn zu uns. Es stellte sich heraus, dass die Waldarbeiter in Hörweite des Röhrens des Hirsches arbeiteten und er sich auf die Socken gemacht hatte, um sich den Hirsch näher anzusehen. Die Abreibung seitens Peters kam nun zu spät. Der Hirsch schien vergrämt zu sein. Oder vielleicht nicht? Es war sowieso außergewöhnlich, dass beide Hirsche so nahe der Bahn, der Siedlung und des Arbeitsplatzes standen.

Der schöne, weite Kahlschlag höher oben war völlig leer. Wir hörten keinen Ton und sahen keine Bewegung. Darum beeilten wir uns, noch bei Büchsenlicht zum Verhören des Platzhirsches unten im Tal in den Hochwald zu kommen. Es war noch hell, als wir am Weg wieder am Hirsch waren. Er meldete noch von genau der Stelle, wo er nachmittags gestanden hatte. Wir warteten, bis es dunkel wurde, was er wohl tun würde. Doch er verließ seinen Einstand nicht. Der andere, der alte Hirsch, der offensichtlich sein Beihirsch war, da die Entfernung zwischen beiden Hirschen in Luftlinie keine vierhundert Schritt betragen hatte und er sich auch wie ein abgeschlagener, überalterter Hirsch benahm, schien doch vergrämt zu sein, weil wir keinen Ton mehr von ihm hörten.

Es war dunkel, als wir daheim ankamen. Die anderen waren noch nicht da, doch war schon die Nachricht gekommen, dass bei ihnen ein Schuss gefallen sei. Bahnarbeiter hatten ihn gehört, und die Nachricht wurde sofort weitergegeben.

Wenig später kommen sie an, der Hut bruchgeschmückt. Als sie ziemlich zeitig am Nachmittag an die untere Ecke des Kahlschlages kamen, meldete schon ein Hirsch mit mittlerer Stimme in einem großen Kessel im Schlag. Am Rand konnten sie leicht vorpürschen und sahen den Hirsch mit zwei Tieren in guter Büchsenschussentfernung. Auch dieser Hirsch war noch nicht reif für die Kugel. Alter etwa sieben bis acht Jahre, Zwölfer mit beiderseitigen Viererkronen, aber auch ohne Eissprossen, die dunklen Stangen mittelmäßig stark, Gewicht etwa acht Kilo.

Mit schlechter Stimme meldete sehnsüchtig ein junger Beihirsch unterhalb des Rudels im Hochwald. Hans beschloss, ihn mit Nichtbeachtung zu strafen, umso mehr, als von der Höhe desselben Schlages eine sonore Stimme, ebenfalls eifrig meldend, heruntertönte. Oben lag ein Plateau mit einem Sattel, der schon mit höheren Jungfichten wie mit inselartigen Dickungen bestanden war, dazwischen hohes Schmielengras. Sie bekamen den Hirsch auch in Kürze in Anblick, als er, eifrig röhrend, seine zwei Stück Kahlwild über eine Grasblöße trieb.

Es war ein richtiger Karpatenhirsch, wie man ihn sich vorstellt. Lange Stangen, eine gewaltige Auslage, endenarm, oben beiderseits nur sehr mittelmäßige Gabeln, ausnahmsweise Eissprossen. Wenn er auch noch dicke Stangen gehabt hätte, so wäre er ein Lebenshirsch ersten Ranges gewesen. Die Stangen waren jedoch leider auffallend dünn. Den Hirsch schätzten sie auf acht-, neunjährig. Er war also in Anbetracht dessen, dass er keine Kronen trug, sehr gut jagdbar. Hans entschloss sich auch, ihn zu schießen.

Der Hirsch war inzwischen mit den Tieren in die Dickung am anderen Hang eingezogen, meldete aber eifrig weiter. Sie pürschten mit gutem Wind in die Nähe des Einwechsels in der Hoffnung, dass der Hirsch wieder austreten würde, da er ständig schrie und das Kahlwild sprengte. So kam es auch. Das Rudel zog wieder auf die Graslichtung heraus, gefolgt vom röhrenden Hirsch. Fast wäre es in letzter Minute schief gegangen! Das Kahlwild bekam nämlich eine Brise Wind von ihnen und sprang unschlüssig ab, gefolgt vom ärgerlich brummenden Hirsch, der sich aber dann nach einigen

Fluchten breit stellte. Er erhielt die schwere Kugel 9,3 x 74 R, Kupferhohlspitzgeschoss 16,7 g, 4,0 g Sp. Pulver aus der Kipplaufbüchse mitten aufs Blatt, zeichnete mit einer schwerfälligen Flucht, ging etwa dreißig Schritt hochflüchtig ab und brach dann zusammen. Das Geweih hatte sie nicht getäuscht, es war genauso wie angesprochen. Hans war darüber hochbeglückt.

Ich erzählte ihm dann mein Erlebnis mit dem alten Hirsch und seinem Platzhirsch. Morgen früh sollte Hans mit Förster Peter, der in der Gegend Bescheid wusste, wo wir abends gewesen waren, gehen. Ich beschrieb Hans den Hirsch ganz genau und sagte ihm, dass, wenn ich auch den Platzhirsch nicht gesehen hatte, er den Beihirsch auf meine volle Verantwortung erlegen könnte. Ich war sicher, dass ihm dieser Hirsch eine große Freude machen würde. Freilich hätte ich getrost zehn zu eins gewettet, dass wir den Hirsch nie wiedersehen würden, doch: „Und dann kommt's wieder anders!"

26. September. Nachts hatte es geregnet, und morgens hingen die Wolken so niedrig, dass wir im Nebel waren. Später jedoch drang die Sonne durch. Ich war mit dem Jagdleiter unterwegs zum erlegten Hirsch. Bei uns in dem schönen, steilen Schlag tat sich überhaupt nichts. Das war nicht weiter verwunderlich, da die beiden Ochsen für den Abtransport des Hirsches mit ihrem Treiber schon vor uns unterwegs waren. Der Hirsch mit dem gewaltigen Zehner-Geweih machte schon Eindruck. Das Maßband zeigte beiderseits eine Stangenlänge von 120 cm und eine Auslage von ebenfalls 120 cm. Während wir mit dem Photographieren beschäftigt waren, hörten wir aus der ungefähren Richtung, wo Hans pürschte, sehr verschwommen vier Schüsse in langen Abständen, die auch zum Wiederladen der Kipplaufbüchse wohl nötig waren. Aber was für eine Situation konnte es sein, in der er vier Schuss hintereinander brauchte? Wir waren äußerst gespannt.

Als wir dann mit dem sperrigen Geweih des Zehnenders bei unserer Behausung ankamen, saß Hans schon hinter seinen Spiegeleiern und war strahlender Laune. Er hatte den alten Hirsch erlegt, der sich als ein Kapitaler entpuppte! Und das kam so: Von der Arbeiterhütte aus waren sie bei anbrechender Dämmerung den breiten Abfuhrweg vorangepürscht, wo der Platzhirsch gestern im Hochwald gemeldet hatte. Oberhalb der Stelle lag ein kleiner Kahlschlag. Es war jedoch hier alles still. Dann hörten sie, als es schon hell geworden war, hinter ihrem Rücken oberhalb der Hütte zwei verschiedene Stimmen faul melden. Förster Peter meinte, einer zumindest sei auf dem Kahlschlag, wo ich den alten Hirsch gestern angetroffen hatte. Hans wollte es nicht glauben, dass Karpatenhirsche so nahe bei einer menschlichen Behausung unter ständiger Störung brunften würden. Um ihre Chance zu nutzen, pürschten sie zum Kahlschlag, der jedoch leer war. Ein Hirsch knörte gelangweilt hinter dem Rücken der Kuppe, der zweite hatte inzwischen verschwiegen.

Sie fanden einen alten, verwachsenen Holzabfuhrweg, der schräg hinaufführte, und schlichen den grasbewachsenen Weg vorsichtig zur Höhe in Richtung des Hirsches. Dieser knörte noch einmal rechter Hand unterhalb von ihnen. Dann kamen sie an eine Stelle, an der sich der Weg in einer Länge von etwa fünfzig Metern zu einer ganz schmalen Lichtung ausbreitete. Es war hier nichts weiter zu machen als am Wegrand abzuwarten, was sich weiterhin tun würde.

Kaum hatten sie eine Minute gestanden, als ohne Geräusch der Hirsch am anderen Ende der kleinen Lichtung erschien und ihnen hocherhobenen Hauptes auf dem Weg entgegenzog. Hans stellte auf den ersten Blick fest, dass es derselbe Hirsch war, den ich mit allen Besonderheiten seines Geweihes beschrieben hatte. Er trug dem Hirsch spitz von vorne freihändig die Kugel an. Der Hirsch brach im Feuer zusammen, schlug mit den Läufen wild um sich. Eingedenk der alten Regel, dass man auf angeschweißtes Hochwild so lange schießen muss, wie es sich bewegt, schoss ihm Hans noch drei weitere Kugeln aufs Blatt. Das war also die Lösung des Rätsels der vier Schüsse.

Das Geweih bescherte eine der seltenen Überraschungen im Jägerleben, wenn es sich als bedeutend stärker zeigt als angesprochen. Die Stangen konnten wir nirgends umfassen. Nach meiner

Faustregel vor der Bewertung hatte er in diesem Fall über zehn Kilogramm Geweihgewicht und verdiente die Goldmedaille!

Nach ausgiebigem Frühstück gingen wir alle zum Hirsch, um den Recken zu photographieren und beim Abtransport behilflich zu sein. Das Geweih war wirklich mit seinen unregelmäßig angesetzten Enden, verkümmerten Augsprossen und reich geperlten, dicken Stangen eine Überraschung. Ein sehr alter Hirsch mit sehr stark abgeschliffenem Gebiss. Die eine Grandel fehlte schon. Sehr wahrscheinlich hätte ihn in einem der folgenden Winter das Schicksal der alten Karpatenhirsche ereilt. Er wäre von Wölfen gerissen worden.

Nun hatten wir unsere beiden Hirsche unerwartet schnell bekommen. Die Jagd mitten in der Hirschbrunft abbrechen und heimfahren? Das wäre ein sehr schmerzlicher Entschluss gewesen! Wir wollten diese wundervolle, echte freie Jagd noch einige Tage lang genießen, umso mehr, als Hans von der Jagdleitung einen dritten Hirsch frei bekam. Aber er ist genossen gemacht. Wir möchten deshalb nur sehen und schauen. Hans will nur noch im Ausnahmefall schießen, falls er an einen besonders kapitalen oder alten Hirsch kommen sollte.

Die Geweihe mussten wir zum Abkochen hinunterschicken, da im Forsthaus kein Kessel dafür zur Verfügung stand. Eigentlich sehr schade. Es ist doch eine der schönsten Nachfreuden der Hirschjagd, die Geweihe abzukochen und zu säubern.

Abends versuchte sich Hans wieder auf den Platzhirsch am Bachbett bei der Arbeiterhütte. Er meldete auch nachmittags mit sehr guter Stimme im Hochwald an derselben Stelle. Hans hatte sich nicht am breiten Abfuhrweg, sondern im Schlag darüber angesetzt, um den Hirsch zu erwarten, da er morgens ja nicht in seinem Einstand im Bach gemeldet hatte. Das Rudel zog jedoch nicht auf den nächsten Schlag, wo sie ansaßen, sondern machte einen Bogen durch den Hochwald, zog auf den entfernteren Schlag aus und von da aus bergwärts. Dies geschah am hellen Nachmittag. Als Hans die Absicht des Rudels merkte, versuchte er, ihm den Weg abzuschneiden, was jedoch nicht gelang. Dann folgte er dem Rudel, da der Hirsch ab und zu meldete. Aber es war ein bereits verlorenes Spiel. Hans vertröstete sich auf den Morgen.

Da die Holzarbeiter überzeugend behaupteten, dass im großen Schlag, den wir gestern vollständig leer gefunden hatten, ein starker Hirsch mit einem Rudel ständig und auch am hellichten Tag schreien würde, versuchten Förster Peter und ich es abends mit einem Daueransitz. Wir bezogen eine Kuppe, von der wir einen großen Teil des vollständig kahl wirkenden Schlages und große Teile der Hochwaldränder mit Glas und Spektiv einsehen konnten. Lange Zeit regte sich überhaupt nichts. Dann gewahrte ich weit unter uns ein Tier mit einem sehr schwachen, fast noch gefleckten Kalb, die äsend aus einer tiefen Rinne heraufzogen. Etwas später folgte ihnen der Hirsch. Durch das Spektiv konnte ich ihn ansprechen. Es war ein weder im Wildbret noch im Geweih besonders starker, jedoch alter Hirsch mit hohem Widerrist, starkem Vorschlag, hängender Wamme, schon stark abgebrunftet. Offensichtlich hatte das Rudel den Tag nicht im Hochwald, sondern in dieser tiefen Schlucht inmitten des Schlages verbracht, an dessen südlicher Seite in etwa einem Kilometer Entfernung mit großem Krach Stämme gefällt wurden. Auch jetzt hörte man das Gejohle und den für mich schrecklich störenden Gesang der Motorsäge. Das sonst so scheue Karpatenwild hatte sich anscheinend daran gewöhnt und nahm davon überhaupt keine Notiz.

Das Geweih zeigte nicht zu lange, doch schön geschwungene schwarze Stangen mit hellblinkenden Enden; auch die Eissprossen hatte er ausnahmsweise nicht ausgespart! Alle drei unteren Sprossen mittellang, dann folgten beiderseits lange, geschwungene Wolfssprossen und darüber beiderseits Dreierkronen, deren Enden jedoch nicht besonders gut waren. Da sich die Stangen auch nicht durch besondere Stärke auszeichneten, schätzte ich das Gewicht auf achteinhalb, höchstens neun Kilo. Es war ein guter, jagdbarer Hirsch.

Daheim erwartete uns die Nachricht, dass die drei deutschen Jagdgäste, die zwanzig Kilometer von uns entfernt im südlichen, niedrigeren Teil des Forstamtes jagten, einen schwachen Vierzehnender, ebensolchen Zwölfender und sogar auch noch einen Achter erlegt hätten und abgereist seien. Alle drei Hirsche müssen jung gewesen sein. Wie wir später beim Forstamt erfuhren, hatte keiner die Mindestpunktzahl der Bronzemedaille mit 180 IP. erreicht. Dies ist jedoch das Minimum, zu dem es ein mittelalter Hirsch in diesen Revieren durchschnittlich bringt.

27. September. Wir hatten abends schöne Pläne für unsere Morgenpürschen ausgeheckt. Als wir zwei Stunden vor Tagesanbruch geweckt wurden, regnete es in Strömen. So schliefen wir uns aus.

28. September. Bis zum frühen Morgen änderte sich nichts an der Wetterlage, höchstens, dass jetzt anstatt des Regens schon hauptsächlich Schnee fiel. Nachmittags fielen nur noch einige Tropfen. Ich hatte noch keine Lust, aber Hans war nicht mehr zu halten. Er und der Forstmeister gingen zu „ihrem" Platzhirsch am Bachbett. Der zwischen Steinen und Felsen vor dem Haus plätschernde „Kleine Baska"-Bach hatte sich in einen reißenden, breiten Strom verwandelt.

Der Hirsch meldete wieder in seinem Tageseinstand im Hochwald und bewegte sich überhaupt nicht vom Platz. Dies hatte er schon an einem Abend gemacht, als ich ihm auflauerte. Doch am nächsten Abend war er schon nachmittags zu Berg gezogen. Ist es überhaupt möglich, in die Gewohnheiten eines Karpatenhirsches Einblick zu bekommen?

29. September. Der Regen hatte aufgehört, doch sind wir in Wolken und Nebel gehüllt. Mit Förster Peter unternahm ich einen Gang zum Schlag, wo der Zehner gefallen war, um zu sehen, was sich dort tat. Es dämmerte schon, doch ist es im Hochwald, wo in dieser Höhe eine leichte Schneedecke lag, noch sehr düster, als über uns von einer kleinen Lichtung ein Tier, gefolgt von einem Kalb, in Richtung Schlag absprang. Draußen auf dem Schlag war der Nebel inzwischen hochgegangen. Unweit von uns meldete auf ihm ein Hirsch.

Ich stieg vom Pferd und pürschte einige Schritte bis zum Buckel und erblickte sogleich den Hirsch, der unten in der Talsohle auf gute Schussentfernung mitsamt seinen zwei Tieren an niedrigen Brombeerranken äste, ab und zu gelangweilt knörte. Es war für mich ein wunderbares, in meinem langen Jägerleben nie gesehenes Bild, ein Brunftrudel in der Schneelandschaft! Denn meistens herrschte da, wo ich den Hirschen nachgegangen bin, sommerliches Wetter!

Es ist ein sehr mittelmäßiger Kronenhirsch ohne Eissprossen, der Beschreibung nach derselbe Hirsch und an derselben Stelle auch, den Hans unlängst unbeschossen ließ.

Hans hatte nichts gesehen und nichts gehört. Wir fassten den Plan, mittags zur Maricska-Hütte aufzusteigen, die uns im Vorjahre beherbergt hatte. Wir wollten es nicht versäumen, heuer auch den richtigen Hüttenzauber da oben zu genießen. Morgen würden wir dann wieder zum Forsthaus hinunterkommen, mittags zum Sägewerk fahren, dort übernachten, übermorgen in Covasna die Bewertung und Abrechnung machen und schweren Herzens zur Zivilisation zurückkehren.

Der Aufstieg war sehr beschwerlich. Der Schnee wurde immer tiefer, bis er bei der Hütte in etwa 1 500 m Höhe ungefähr fünfzig Zentimeter Höhe erreichte. Das Bild der schneebedeckten Wälder und Berge, bis in unendliche Fernen reichend, war einmalig schön. Wir konnten bestätigen, wie dünn diese Karpatenwälder mit Wild besiedelt sind. Beim drei Stunden dauernden Aufstieg kreuzten wir nur drei Fährten von einzelnen Stücken Rotwild, eine Rehfährte, zwei Fuchsspuren, oben auf dem Rücken mehrere Geläufe von Auerwild und auf der Almwiese unweit der Hütte sogar – eine Hasenspur.

Wir richteten uns in den zwei kleinen Kammern bequem ein, machten Feuer und gingen dann auf die Pürsch. Hans ging in den „Hausschlag“ unterhalb der Hütte, ich ritt den Viehsteig entlang, der durch drei Schläge auf der Bergkuppe führte. Wir sahen kein Wild, fanden nicht einmal Fährten. Hier oben war alles tot und ausgestorben. Hans jedoch hatte Anblick. Ein mittelalter, ungerader Sechzehnender mit Eissprossen zog aus dem Hochwald laut röhrend in Büchsenschussnähe vor ihnen auf den Schlag. Natürlich ließen sie ihn ziehen, zumal er auch nicht reif für die Kugel war.

In der Hütte brachen wir den Hals unserer letzten Flasche Rotwein und tranken auf die heuer wieder wundervollen gemeinsamen Jagdtage der Hohen Zeit. Unsere Petroleumlampe warf ihren gelben Schein durchs Fenster auf den Schnee, im gegenüberliegenden Schlag ließ der Sechzehnender seinen rauen Brunftschrei ertönen.

30. September. Hier oben haben wir nichts mehr zu suchen und zu finden. Deswegen will es Hans nochmals im Tal unten im Bachbett auf den noch nie gesehenen Platzhirsch versuchen. Er und der Forstmeister zogen schon sehr zeitig los, um noch vor Büchsenlicht den Abstieg zu schaffen und zur richtigen Zeit am Hirsch zu sein. Sie hörten ihn auch bei Dämmerung einige Male melden, doch verschwieg er, bevor sie in seine Nähe kamen. Sie sahen nur ein einzelnes Stück Kahlwild und eine streichende Schnepfe. Ja, so geht es mit den Hirschen. Den einen erlegt man auf Anhieb schier zufällig, dem anderen ist trotz eifrigster Nachstellung nicht beizukommen. Das ist gut so, weil sich einerseits der Jäger bemühen muss, andererseits dies der Grund dafür ist, dass es immer noch alte Hirsche gibt.

Wir verließen die Hütte erst bei anbrechendem Büchsenlicht. Im Großen Schlag, in dem wir neulich den „stummen“ Vierzehnender mit dem Tier und seinem schwachen Kalb sahen, röhrte ein Hirsch mit mittlerer Stimme, jedoch in einer ganz anderen Ecke des Schlages.

Da er von einem Buckel überriegelt über uns meldete, gingen wir ihn im kahlen Schlag vollkommen ungedeckt an. Das Rudel erschien aber am Grat. Die Wildkörper hoben sich gegen den östlichen Horizont wundervoll ab. Es war ohne Zweifel derselbe Vierzehnender, der alleinige Beherrscher dieses ausgedehnten Brunftplatzes. Nur hatte er heute schon zwei Tiere dabei. Dieser Anblick war ein würdiger Abschied von den Karpaten!

Unser alter Vierzehnender hatte uns noch eine Überraschung aufgespart. Sein Geweih wog 11,5 kg, er brachte es jedoch wegen der verkümmerten Augsprossen, kurzen Mittelsprossen und schlechten Kronen trotz der Stärke der Stangen auf nur 214,4 IP.

Ein „Bilderbuchhirsch“ ist es bestimmt nicht, aber ein ganz außergewöhnliches Kapitalgeweih.

Der Eissprossenzehner hingegen wog nur 7,9 kg und erbrachte, wegen seiner kolossalen Stangenlänge und Auslage, immer noch 188,8 IP.

Der Abschied von den Karpaten fiel uns nicht leicht, obwohl wir damals noch auf ein Wiedersehen zur Brunft 1975 hofften. Ich möchte daran glauben, dass wir noch im „Jägerschlag“ und am „Gór“-Berg werden auf den urigen Karpatenhirsch pürschen können!

Nachwort

Vor vielen Jahren sagte mir einst ein alter Freund und Gönner, ein weiser, vielerfahrener Mann: „Nimm von mir den guten Rat: Geh' nie wieder dahin zurück, wo du einmal glücklich gewesen bist!"

Ich habe diesen Rat meistens befolgt, denn ich wusste, er hatte recht. Man erspart sich oft sehr schmerzende Enttäuschungen.

Und doch bin ich, als ich dieses Erinnerungsbuch schrieb, nach fünfunddreißig Jahren für ein kurzes Wiedersehen zurückgefahren ins Quellgebiet der Szamos und zur Goldenen Bistritz. Ich musste alles einfach wiedersehen, es war ein unwiderstehlicher Zwang.

Ob mein alter Freund wiederum Recht behalten hatte? Die „Straße", viel eher ein steiniger Weg, die quer durchs Revier von Rodna über Neu-Rodna und Marienthal den Hauptbach der Szamos entlang über den Rotunda-Pass ins Tal der Goldenen Bistritz und über Kirlibaba nach der Bukowina führte und die damals nur mit Pferdefuhrwerken befahrbar war, ist heute in der Straßenkarte breit und gelb eingezeichnet. An ihrer rechten Seite stehen auf jedem Kilometer die schwarzumrandeten gelben Quadrate, die Zeichen der vorrangigen Hauptstraßen.

Doch in Neu-Rodna, einer Bergsiedlung mit kaum 2 000 Seelen, hört auch heute noch mit der Asphaltstraße voller Schlaglöcher die Neuzeit und die Hektik des zwanzigsten Jahrhunderts auf. Die Häuser sind aus Holz mit Holzschindeln bedeckt wie eh und je. Die betünchten Wände leuchtendes Hellblau. Die Frauen sitzen wie früher auf der Straße und spinnen den Faden aus Schafswolle. Die Dorfstraße ist wie auch schon in vergangenen Zeiten eine Arche Noahs mit dem vielen Hausgetier.

Doch die Männer tragen kaum mehr ihre Volkstracht der dortigen Gebirgler, die enge, weiße Wollhose mit Opanken, das weiße Hemd, das vom breiten, bestickten Ledergürtel zusammengehalten wird, und den großkrempigen schwarzen Hut.

Ich hielt auf der Dorfstraße mit dem Wagen mit ausländischem Kennzeichen. Die Dorfbewohner scharten sich sogleich um uns. Sie waren erstaunt, als ich, der Fremde, nach den alten dortigen Waldläufern und Jagdgenossen fragte, sie dem Namen nach aufzählte und nur ständig die Antwort bekam: „Der ist gestorben!" Es war keiner mehr am Leben, keiner, dem ich in der Freude des Wiedersehens hätte die Hand schütteln können. Auch die Bistritzer ehemaligen Jagdkumpane, die prächtigen Siebenbürger Sachsen, waren dahin, mit denen wir damals mit ihrer wilden Meute die Sauen bejagten. Vielleicht lebt der eine oder andere noch im fernen Deutschland. Und die herrlichen Siebenbürger Weißweine, die sie damals in riesigen Korbflaschen mitbrachten, gab es auch nicht mehr.

Dahin war auch meine eigene Jugend, auch meine einst unbezähmbare Jagdpassion, mit der ich in diesen wilden Bergen und düsteren Fichtenwäldern jagte.

Die Berge erkannte ich wieder. Sie waren dieselben geblieben; die jungen Wälder aber, die sie bedeckten, erschienen mir fremd.

Die „Hauptstraße" wurde dann weiter oben im engen Flusstal immer weniger befahrbar, der VW hüpfte und bockte. Die Straße war immer noch nur für die dortigen Pferdewagen geeignet wie in den vergangenen Zeiten.

Bei der Einmündung des Gagi-Baches in das Haupttal der Szamos stand ein neuerbautes, einstöckiges, hölzernes Jagdhaus auf dem Buckel zwischen den beiden Bächen. Weit darüber in einem Kahlschlag auf einem scharfen Seitengrat, von welchem man einen guten Teil des Schlages einsehen konnte, ein Hochsitz.

Ob auch für die Jäger, die heute dort zu jagen das Glück haben, dies die „ewigen Jagdgründe" sind?

Bildnachweis

Mit 39 historischen Fotografien des Verfassers

Impressum

Umschlaggestaltung von eStudio Calamar von unter Verwendung einer Farbfotografie von Karl-Heinz Volkmar

Mit 39 Schwarzweißfotografien

Unser gesamtes lieferbares Programm und viele weitere Informationen zu unseren Büchern, Spielen, Experimentierkästen, DVD, Autoren und Aktivitäten finden Sie unter **www.kosmos.de**

Gedruckt auf chlorfrei gebleichtem Papier

ISBN 978-3-440-12171-9
Redaktion: Ekkehard Ophoven
Produktion: Die Herstellung, Korntal
Printed in The Czech Republic / Imprimé en République Tchèque